Carla Patrícia Ferreira dos Santos
Lucas Antonio Caritá

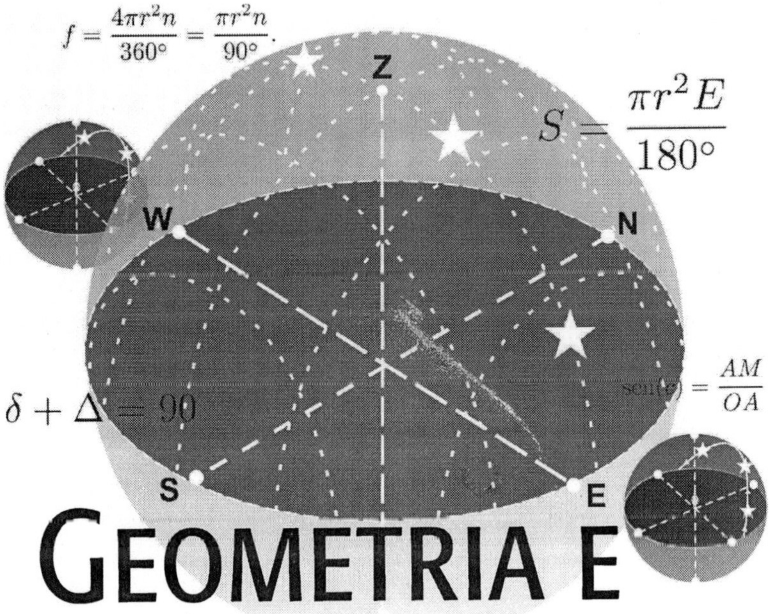

Geometria e Trigonometria Esférica

Fundamentos e Aplicações

Editora Ciência Moderna

Geometria e Trigonometria Esférica: Fundamentos e Aplicações

Editor: Paulo André P. Marques
Produção Editorial: Dilene Sandes Pessanha
Capa: Daniel Jara
Copidesque: Equipe Ciência Moderna

FICHA CATALOGRÁFICA

SANTOS, Carla Patrícia Ferreira dos; CARITÁ, Lucas Antonio.

Geometria e Trigonometria Esférica: Fundamentos e Aplicações

Rio de Janeiro: Editora Ciência Moderna Ltda., 2024.

1. Geometria 2. Trigonometria
I — Título

ISBN: 978-65-5842-349-2 CDD 516
516.24

Editora Ciência Moderna Ltda.
R. Alice Figueiredo, 46 – Riachuelo
Rio de Janeiro, RJ – Brasil CEP: 20.950-150
Tel: (21) 2201-6662/ Fax: (21) 2201-6896
E-MAIL: LCM@LCM.COM.BR
WWW.LCM.COM.BR

01/24

Prefácio

É com grande prazer que introduzimos este livro de Geometria e Trigonometria Esférica, uma obra meticulosamente construída para alunos de graduação e pós-graduação nas áreas de Matemática, Física ou Astronomia. A Geometria Esférica, muitas vezes relegada a um segundo plano, ganha vida nessas páginas, prometendo inspirar e desafiar mentes curiosas.

Nesta obra, os leitores se encontrarão diante de um tesouro de ideias que desafiam a intuição convencional. Este livro oferece uma abordagem didática que traz à tona a importância do assunto para diversas áreas. As aplicações práticas da Geometria Esférica são vastas e variadas, abrangendo desde a Geodésia, que tem papel fundamental no mapeamento da Terra, até a Astronomia de Posição, que nos permite localizar estrelas na esfera celeste.

Para aqueles que buscam um desafio matemático profundo, este livro apresenta um alto rigor matemático. Os autores garantem que cada conceito seja explorado em detalhes, oferecendo aos leitores a oportunidade de se envolverem com as ideias subjacentes em um nível avançado. No entanto, essa abordagem não sacrifica a acessibilidade; pelo contrário, ilustrações cuidadosamente elaboradas auxiliam na visualização de conceitos abstratos, permitindo que a compreensão floresça de maneira eficaz. Combinando o rigor matemático com a intuição visual, os autores criaram um recurso valioso que aborda diferentes estilos de aprendizado.

É importante observar que este livro preenche uma lacuna significativa na literatura acadêmica. A Geometria e a Trigonometria Esférica são frequentemente relegadas a segundo plano em muitos currículos, apesar de suas influências onipresentes. Os autores reconhecem essa deficiência e se propõem a preenchê-la com este trabalho abrangente e acessível. O livro não apenas enriquece o ensino da Geometria Esférica, mas também proporciona uma base sólida para estudantes interessados em explorar os múltiplos contextos nos quais essa geometria se insere.

Ao longo das páginas que se seguem, você descobrirá um universo de possibilidades que ampliará sua compreensão da geometria e iluminará as formas como percebemos e interagimos com o espaço ao nosso redor. Que este livro inspire uma paixão duradoura pela Matemática e pela profundidade de conhecimento que ela proporciona.

Boa leitura,

Carla Patrícia Ferreira dos Santos
Lucas Antonio Caritá

Sumário

Capítulo 1

Geometria Esférica

Denominamos Geometria Esférica a geometria (de caráter não Euclidiano) arraigada sobre a superfície de uma esfera. Este domínio da Matemática ostenta profunda relevância tanto na Geodésia quanto na Astronomia. Cabe realçar que, neste livro, parte-se do pressuposto de que o leitor possua prévia familiaridade com a Geometria Euclidiana plana e espacial.

1.1 Elementos Básicos da Geometria Esférica

Iniciaremos nosso texto apresentando alguns elementos básicos da esfera. Desse modo, será possível fundamentar a construção da geometria sob a superfície esférica.

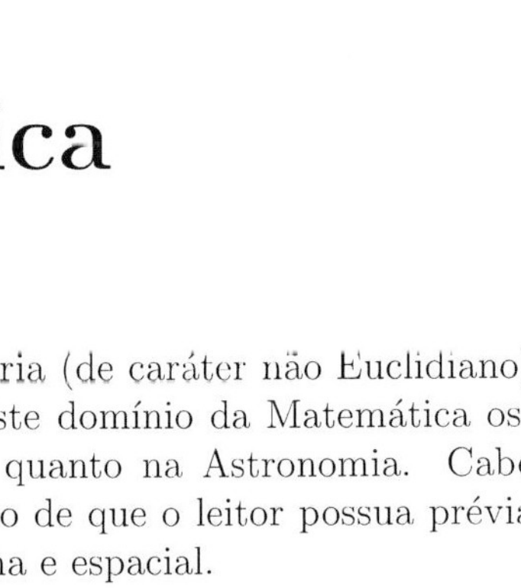

Definição 1.1. *(Esfera) - Considere O um ponto e r um número real positivo. Chama-se esfera (ou superfície esférica) o lugar geométrico dos pontos P do espaço, cujas distâncias a O são iguais a r. Denomina-se o ponto O como o centro da esfera.*

Proposição 1.2. *A interseção de uma superfície esférica com um plano passando pelo seu centro é uma circunferência de mesmo centro e raio da superfície esférica.*

Demonstração. Considere S uma superfície esférica de centro O e raio r e Θ um plano contendo O.

A interseção entre o plano Θ e a superfície esférica S é o conjunto de pontos de Θ que distam r de O. Portanto é uma circunferência, contida em Θ, com centro em O e raio r. □

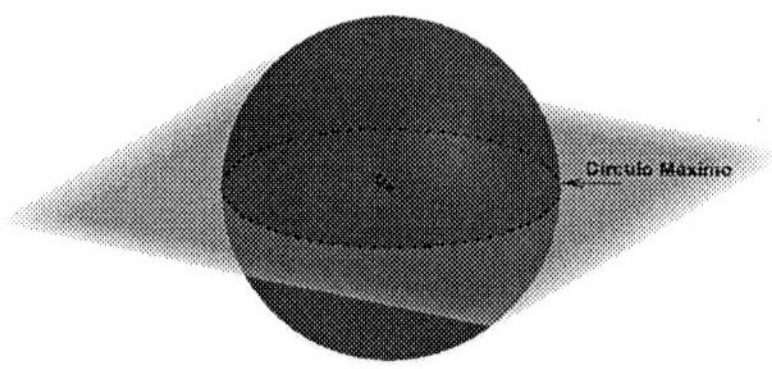

Definição 1.3. *(Círculo Máximo) - Circunferências obtidas de acordo com a Proposição 1.2 são denominadas círculos máximos.*

Definição 1.4. *(Eixo da Esfera) - Considere uma esfera com centro O. Chama-se eixo da esfera qualquer reta que passa por O.*

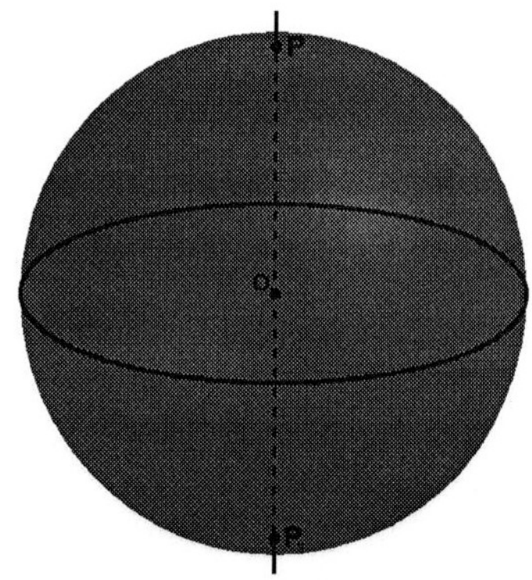

Definição 1.5. *(Pontos Diametralmente Opostos) - Os dois pontos oriundos da intersecção de um eixo com a esfera são chamados diametralmente opostos (ou antípodas).*

Proposição 1.6. *Por dois pontos dados sobre uma esfera sempre passa um círculo máximo. Se estes pontos não forem antípodas, este círculo máximo é único.*

Demonstração. Considere dois pontos P e Q quaisquer e distintos sobre uma esfera de centro O.

Se P e Q não são antípodas, então os pontos P, Q e O não são colineares e definem um único plano que, interseccionado com a esfera, produz um único círculo máximo.

No caso de P e Q antípodas, os pontos P, Q e O são colineares e pertencem simultaneamente a infinitos planos, produzindo infinitas possibilidades de círculos máximos.

Portanto, sempre passa pelo menos um círculo máximo por dois pontos distintos dados em uma esfera. □

Proposição 1.7. *Dois círculos máximos de uma esfera cortam-se mutuamente em duas partes iguais.*

Demonstração. Considere dois círculos máximos C_1 e C_2 em uma esfera de centro O e raio r. Sejam A e B os dois pontos produzidos pela interseção entre C_1 e C_2.

O segmento $\overline{OA}$ é igual a r, da mesma forma o segmento $\overline{OB}$ também é igual a r.

Logo, $\overline{OA}$ + $\overline{OB}$= 2r e percebemos que A, O e B estão alinhados.

Sabendo que 2r é o diâmetro dos círculos máximos dessa esfera, segue que o arco de círculo máximo $\widehat{AB}$ equivale a metade dos círculos máximos C_1 e C_2. □

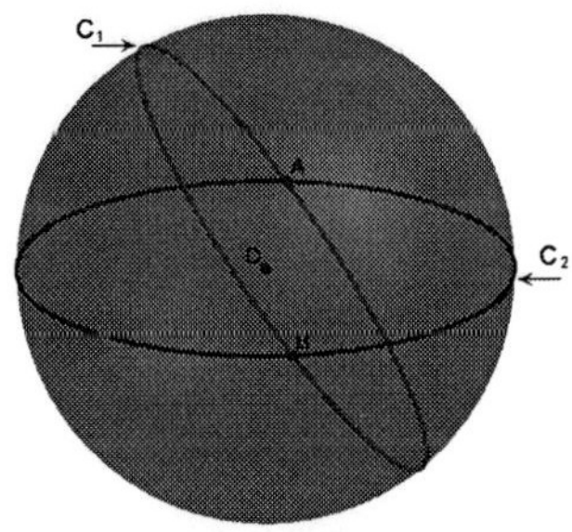

Definição 1.8. *(Distância Esférica) - A distância entre os pontos A e B de uma esfera é o comprimento do menor arco do círculo máximo que passa por esses pontos.*

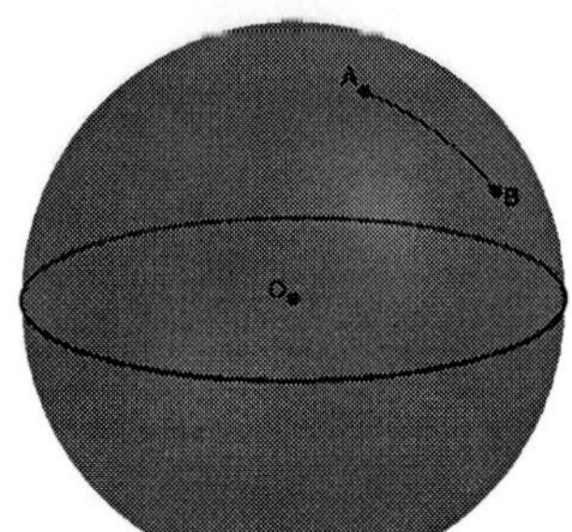

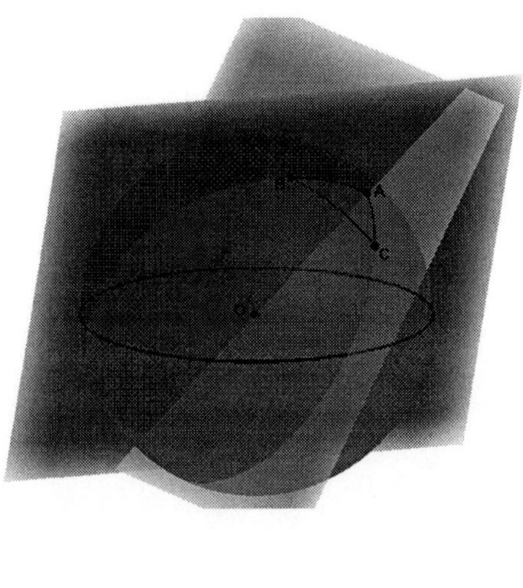

Definição 1.9. *(Ângulo Esférico) - Ângulo esférico é o ângulo formado por dois arcos de círculos máximos com uma extremidade em comum. Sua medida é a mesma do ângulo euclidiano formado pelo diedro definido pelos dois planos que contém esses arcos.*

Definição 1.10. *(Triângulo Esférico) - Em uma superfície esférica, três pontos não pertencentes a um mesmo círculo máximo, ligados pelos arcos de círculos máximos que definem suas distâncias, determinam um triângulo esférico. Tais pontos são denominados vértices do triângulo esférico.*

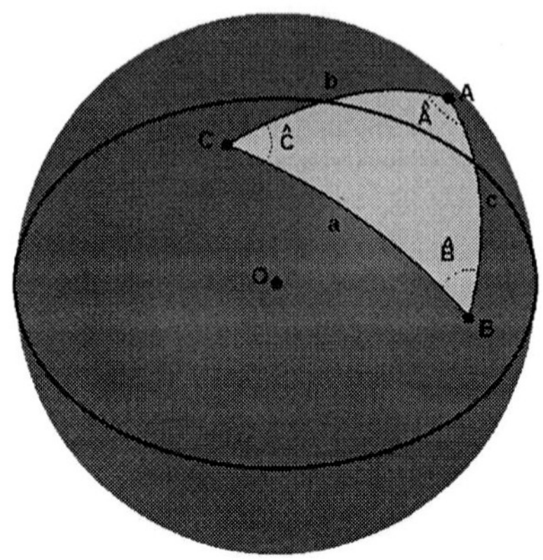

Observação 1.11. *Perceba que pelas Definições 1.8, 1.9 e 1.10, os lados e os ângulos internos de um triângulo esférico ABC sempre satisfazem:* $0^\circ < a < 180^\circ$, $0^\circ < b < 180^\circ$, $0^\circ < c < 180^\circ$, $0^\circ < \widehat{A} < 180^\circ$, $0^\circ < \widehat{B} < 180^\circ$ *e* $0^\circ < \widehat{C} < 180^\circ$.

Vale ressaltar que os elementos de um triângulo esférico são os mesmos de um triângulo no plano: três vértices, três lados e três ângulos internos.

Diferentemente de um triângulo no plano, a soma dos ângulos internos de um triângulo esférico é maior que 180°, logo podemos classificá-lo em relação aos seus ângulos como:

- Acutângulo (três ângulos agudos);
- Retângulo (um ângulo reto);
- Bi-Retângulo (dois ângulos retos);
- Tri-Retângulo (três ângulos retos);
- Obtusângulo (três ângulos obtusos).

Um triângulo esférico tri-retângulo, por exemplo, corresponde a $\frac{1}{8}$ da esfera.

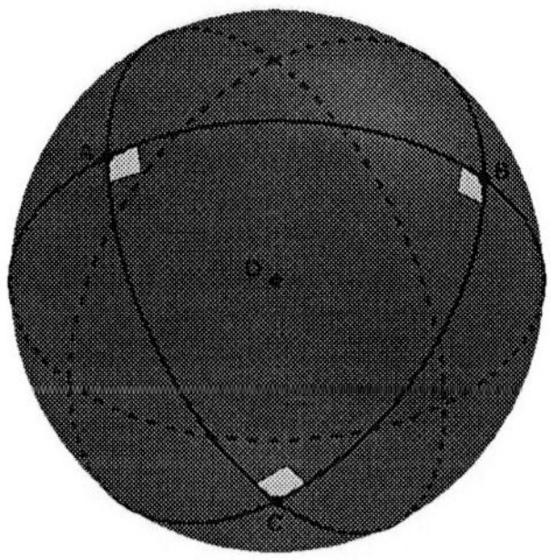

Quanto à classificação em relação ao tamanho dos seus lados, o triângulo no plano e o triângulo esférico são nomeados da mesma forma: Escaleno, Isósceles e Equilátero. Outro fato sobre os lados de um triângulo esférico é que estes são medidos em ângulos. O que permite dizer que um lado mede x graus. Desta forma, pode-se ainda classificar os triângulos esféricos como retiláteros, bi-retiláteros e tri-retiláteros, conforme tenha um, dois, ou três lados medindo $90°$, respectivamente.

A seguir, enunciaremos algumas propriedades do Triângulo Esférico:

1. Num triângulo esférico um lado é menor que a soma dos outros dois e maior que a sua diferença;

2. O maior ângulo de um triângulo esférico se opõe ao maior lado de mesma medida;

3. Num triângulo esférico isósceles os ângulos opostos aos lados iguais são iguais;

4. Todo triângulo esférico equilátero é equiângulo e todo equiângulo é equilátero;

5. A soma dos ângulos internos de um triângulo esférico é maior que $180°$ e menor que $540°$;

6. A soma dos três lados de um triângulo esférico é menor que $360°$.

Neste livro, demonstraremos algumas dessas propriedades. Para isso, serão necessárias algumas definições e resultados. A partir deste momento, ao longo do texto, **consideraremos a esfera com raio unitário**.

1.2 Congruências de Triângulos Esféricos

Seja uma esfera com centro O e um triângulo esférico com vértices A, B e C sobre essa esfera. Considere o triedro definido pelas semirretas $\overrightarrow{OA}$, $\overrightarrow{OB}$ e $\overrightarrow{OC}$.

Os ângulos planos (ângulos triédricos) $A\widehat{O}B$, $A\widehat{O}C$ e $B\widehat{O}C$ têm a mesma medida que os lados que lhes correspondem no triângulo esférico. Os ângulos diedros do triedro entre os planos AOB com AOC, AOB com BOC e AOC com BOC têm a mesma medida que os ângulos esféricos $\widehat{A}$, $\widehat{B}$ e $\widehat{C}$, respectivamente conforme a figura ao lado

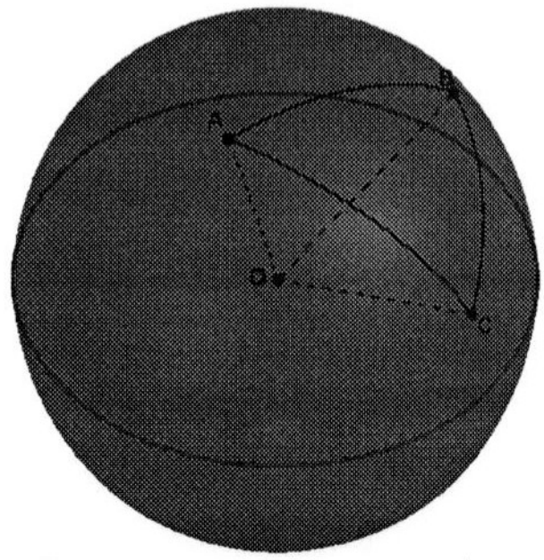

Sabe-se da Geometria Espacial que dois triedros são congruentes quando os ângulos planos e o ângulos diedros de um deles são respectivamente iguais aos ângulos planos e aos ângulos diedros do outro e dispostos na mesma ordem. Se os elementos iguais do segundo forem dispostos em ordem inversa, os dois diedros são simétricos.

Baseado nisto, segue a seguinte definição para congruência de triângulos esféricos:

Definição 1.12. *(Triângulos Congruentes) - Os triângulos esféricos correspondentes a triedros congruentes de uma mesma esfera (ou esferas iguais), são também chamados de congruentes.*

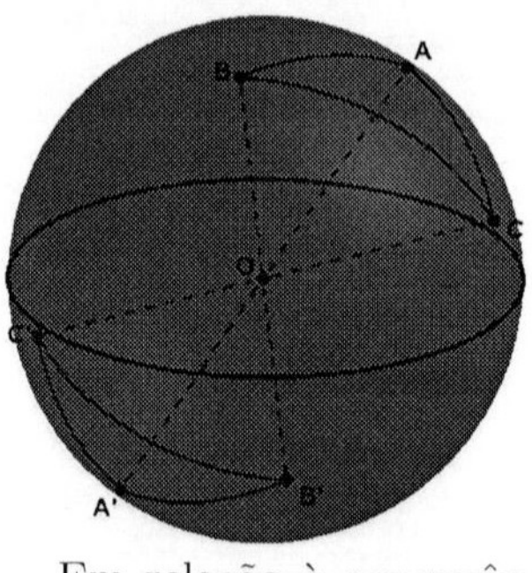

Observação 1.13. *Note que dois triângulos esféricos serão congruentes quando seus três lados e seus três ângulos assim os forem.*

Definição 1.14. *(Triângulos Simétricos) - Dois triângulos esféricos cujos vértices são diametralmente opostos são chamados de simétricos, assim como os triedros correspondentes.*

Em relação à congruência de triângulos esféricos, é verdadeira a seguinte afirmação, que será demonstrada no capítulo seguinte. Dois triângulos esféricos de uma mesma esfera ou esferas iguais, cujas partes estão dispostas na mesma ordem, são congruentes desde que:

(a) dois lados e o ângulo compreendido entre eles de um dos triângulos sejam iguais às partes correspondentes do outro triângulo;

(b) dois ângulos e o lado adjacente de um dos triângulos sejam iguais aos elementos correspondentes do outro triângulo;

(c) os três lados de um deles sejam iguais aos três lados do outro;

(d) os três ângulos de um deles sejam iguais aos três ângulos do outro.

Observação 1.15. *Um triângulo esférico de uma esfera dada é, portanto, determinado desde que se conheçam dois lados e o ângulo compreendido, ou dois ângulos e o lado compreendido, ou os três lados, ou ainda, os três ângulos.*

1.3 Propriedades para Triângulos Esféricos

Teorema 1.16. *Um triângulo esférico é equilátero se, e somente se, é equiângulo.*

Demonstração. Considere o triângulo esférico ABC disposto como na figura.

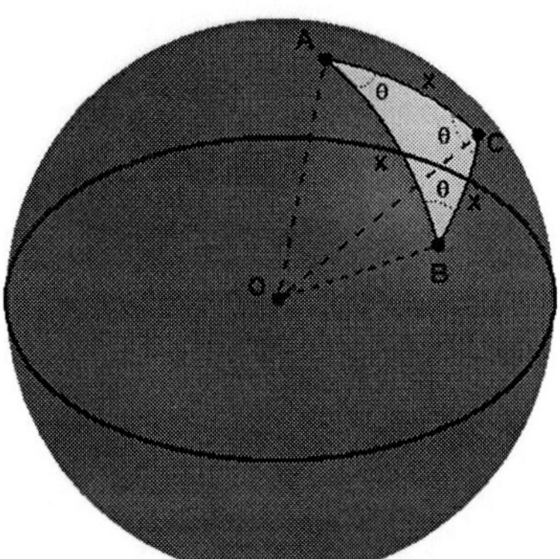

($\Longrightarrow$) Suponha que o triângulo ABC é equilátero. Deste modo, o triedro definido pelas semirretas $\overrightarrow{OA}, \overrightarrow{OB}$ e $\overrightarrow{OC}$ possui todos os ângulos planos iguais, pois os ângulos planos do triedro definem os lados do triângulo esférico ABC. Assim, se todos os ângulos planos do triedro são iguais, os ângulos diedros também são. Como os ângulos diedros definem os ângulos esféricos, segue que os ângulos $\widehat{A}, \widehat{B}$ e $\widehat{C}$ são iguais. Portanto, o triângulo ABC é equiângulo.

($\Longleftarrow$) Considere o triângulo ABC tal que $\widehat{A} = \widehat{B} = \widehat{C}$. Desse modo, os ângulos diedros do triedro definido pelas semirretas $\overrightarrow{OA}, \overrightarrow{OB}$ e $\overrightarrow{OC}$ são iguais. Isto implica que os ângulos planos do triedro também são iguais. Assim, os lados do triângulo ABC são iguais. Portanto, o triângulo ABC é equilátero. □

Teorema 1.17. *Num triângulo esférico, um lado é menor que a soma dos outros dois e maior que sua diferença.*

Demonstração. Considere o triângulo esférico ABC, com lados a, b e c em uma esfera de centro O, onde os elementos estão dispostos de acordo com a figura.

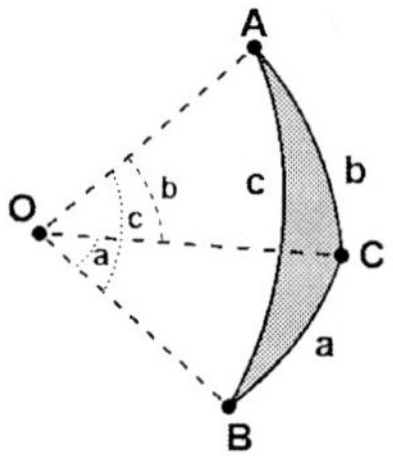

Caso os lados a, b e c sejam iguais, o teorema é verdadeiro.

Caso contrário, sobre OA, tome um ponto X qualquer; sobre OB, tome um ponto Y qualquer e sobre XY, tome um ponto P de modo que $X\widehat{O}P = A\widehat{O}C$. Sobre OC tome um ponto Z de modo que $OZ = OP$.

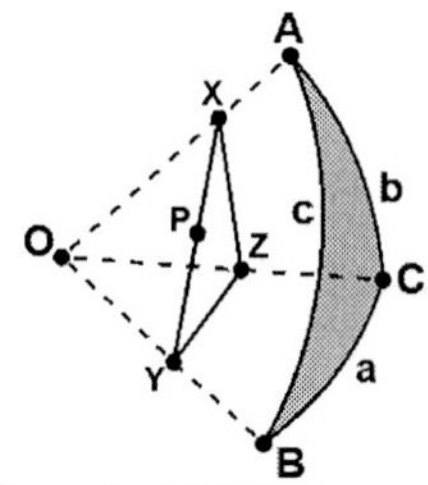

Considerando os pontos X, Y e Z, obtemos o triângulo XYZ no qual $XP = XZ$, pois os triângulos euclidianos XOZ e XOP são congruentes (caso LAL). Note também que pela construção descrita, tem-se $X\widehat{O}Z = A\widehat{O}C = X\widehat{O}P$.

Pela desigualdade triangular da geometria plana no triângulo XYZ, temos

$$XZ + ZY > XY.$$

Então,

$$XZ + ZY > XP + PY.$$

Como $XP = XZ$ temos que

$$ZY > PY.$$

Dessa forma,

$$Z\widehat{O}Y > P\widehat{O}Y.$$

Somando $X\widehat{O}Z$ em ambos os membros da desigualdade:

$$X\widehat{O}Z + Z\widehat{O}Y > X\widehat{O}Z + P\widehat{O}Y.$$

Isto é

$$X\widehat{O}Z + Z\widehat{O}Y > X\widehat{O}P + P\widehat{O}Y.$$

Como $X\hat{O}P + P\hat{O}Y = X\hat{O}Y$, segue que

$$X\hat{O}Z + Z\hat{O}Y > X\hat{O}Y \tag{1.1}$$

Percebe-se que $X\hat{O}Z = b$, $Z\hat{O}Y = a$ e $X\hat{O}Y = c$. Dessa forma, da Equação (1.1), temos que

$$a + b > c$$

e segue o resultado. □

Teorema 1.18. *A soma dos três lados de um triângulo esférico é menor que* $360°$.

Demonstração. Considere o triângulo esférico ABC, com lados a, b e c, conforme disposto na Figura (a). Seja C' o antípoda do ponto C, formando o triângulo esférico ABC', com lados a', b' e c', conforme disposto na figura (b).

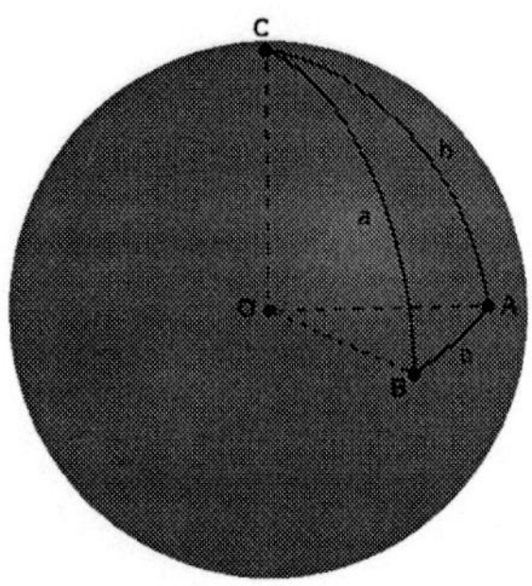

(a)

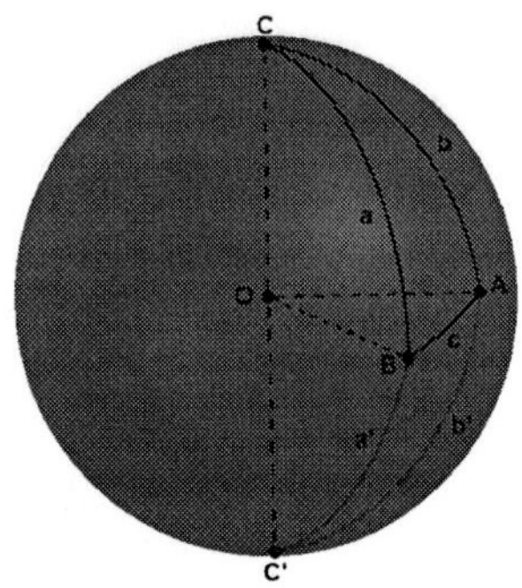

(b)

De acordo com o Teorema 1.17, segue que

$$c < a' + b'. \tag{1.2}$$

Nota-se também que $a + a' = 180°$ e $b + b' = 180°$.
Então,

$$a + a' + b + b' = 360°. \tag{1.3}$$

Portanto, das Equações (1.2) e (1.3), segue que

$$360° = a + a' + b + b' = a + b + (a' + b') > a + b + c.$$

Ou seja, os lados a, b e c de um triângulo esférico satisfazem $a + b + c < 360°$ □

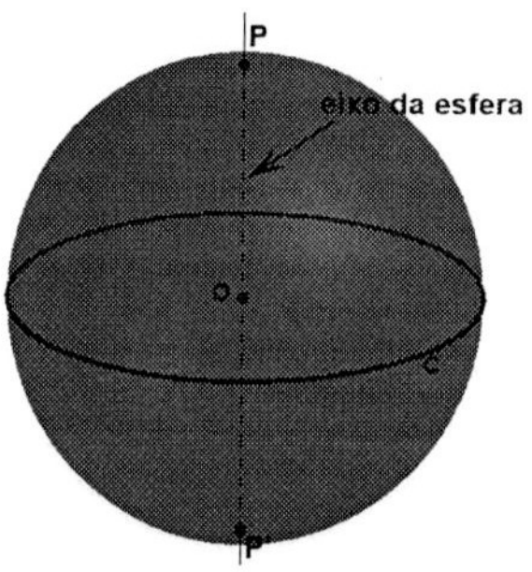

Definição 1.19. *(Polos) - Considere C um círculo máximo dado em uma esfera de centro O e o eixo da esfera, perpendicular ao plano do círculo C, que fura este plano em O. Os dois pontos P e P', produzidos pela interseção deste eixo com a esfera, são chamados de polos do círculo máximo C.*

Observação 1.20. *A distância de um polo a um ponto qualquer de seu círculo máximo é sempre igual a 90°.*

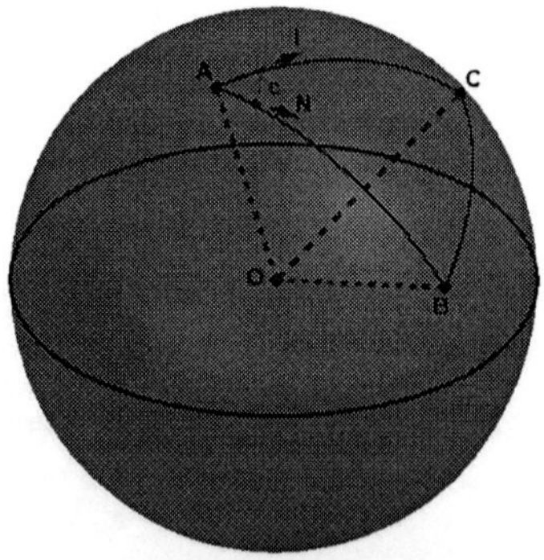

Seja o triângulo esférico ABC em uma esfera com centro O, onde $\widehat{A} = \alpha$, conforme a figura ao lado. Considere, no ponto A, as retas tangentes I e N que formam um ângulo α. A partir de O traçam-se as retas I' e N' paralelas a I e N, respectivamente, formando o ângulo $\alpha' = \alpha$. Assim, tem-se que as retas I' e N' são perpendiculares ao segmento de reta OA. Prolonga-se os lados AC e AB do triângulo esférico até encontrarem as retas N' e I' nos pontos H e S. Considere o arco formado por $\overset{\frown}{HS}$.

O ângulo α é um ângulo central e é medido pelo arco compreendido entre seus lados, logo pode-se concluir que $\overset{\frown}{HS}$ mede o ângulo α e portanto $\alpha = \alpha' = \overset{\frown}{HS}$

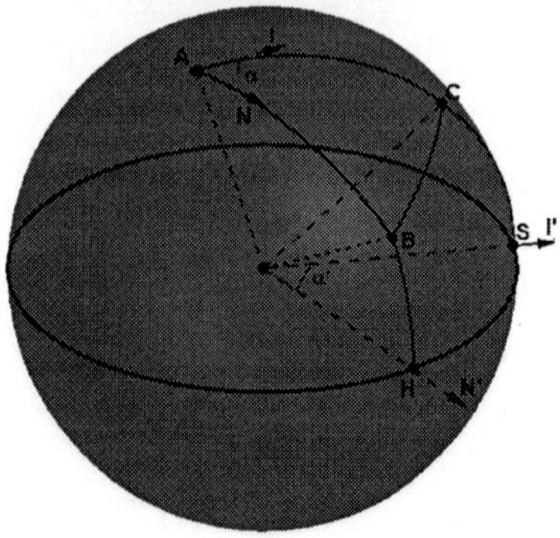

Observe que os arcos $\overset{\frown}{AH}$ e $\overset{\frown}{AS}$ medem um quarto do círculo máximo (ou seja, 90°). O ponto A é o polo do arco $\overset{\frown}{HS}$.

Observação 1.21. *Perceba que um ângulo esférico é medido pelo arco cujo polo é o próprio vértice desse ângulo.*

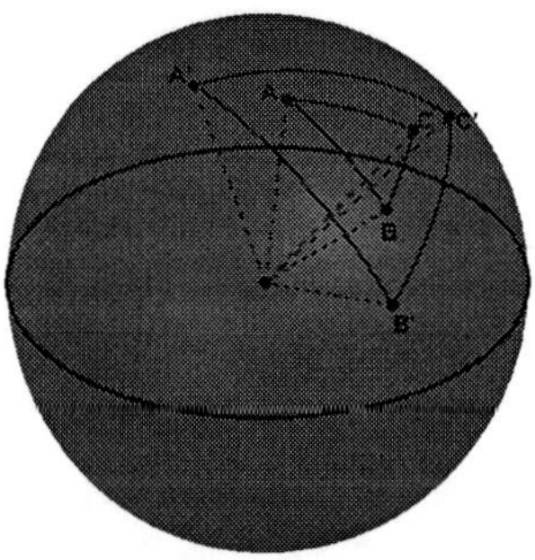

Para compreender um resultado bastante relevante chamado de Teorema de Lagrange, precisamos definir o importante conceito de triângulos esféricos polares.

Definição 1.22. *(Triângulos Polares) - Um triângulo esférico ABC é polar de outro triângulo esférico A'B'C' quando os vértices do primeiro são polos dos lados do segundo.*

Proposição 1.23. *Considere os triângulos esféricos ABC e A'B'C'. Se A'B'C' é polar de ABC, então ABC é polar de A'B'C'.*

Demonstração. Considere os triângulos dispostos como na imagem seguinte.

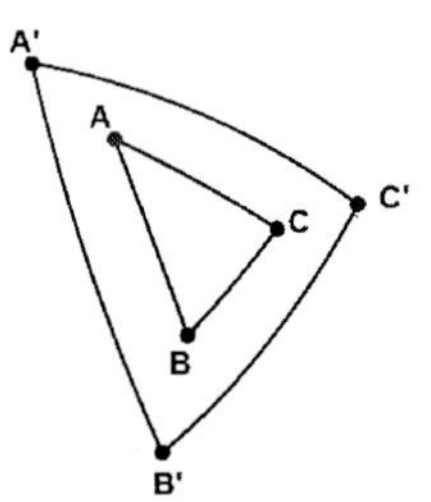

Sabe-se que A é polar ao arco $\overset{\frown}{B'C'}$, B é polar ao arco $\overset{\frown}{A'C'}$ e C é polar ao arco $\overset{\frown}{A'B'}$. Deve-se provar que A' é polar ao arco $\overset{\frown}{BC}$, B' é polar ao arco $\overset{\frown}{AC}$ e C' é polar ao arco $\overset{\frown}{AB}$.

Para provar que A' é polar ao arco $\overset{\frown}{BC}$, basta provar que os arcos $\overset{\frown}{A'B}$ e $\overset{\frown}{A'C}$ medem ambos 90°. Como B é polar ao arco $\overset{\frown}{A'C'}$ tem-se que $\overset{\frown}{A'B} = 90°$, conforme desejado. Por outro lado, como C é polo de $\overset{\frown}{A'B'}$ segue também que $\overset{\frown}{A'C} = 90°$.

Dessa forma, A' é polar ao arco $\overset{\frown}{BC}$. De forma análoga se prova que B' é polar ao arco $\overset{\frown}{AC}$ e C' é polar ao arco $\overset{\frown}{AB}$. □

Teorema 1.24. *(Teorema de Lagrange) - Em dois triângulos polares o lado de um e o ângulo do outro cujo vértice é polo deste lado são suplementares.*

Demonstração. Considere ainda a figura anterior. Deve-se provar que:

$$\widehat{A} + a' = 180°$$

$$\widehat{B} + b' = 180°$$

$$\widehat{C} + c' = 180°.$$

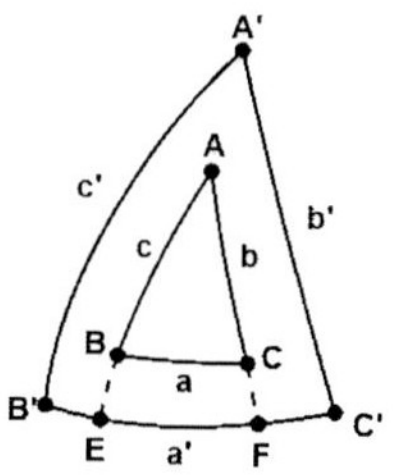

Primeiramente, prolonga-se os lados b e c até determinarem os pontos E e F no segundo triângulo. Então

$$\overset{\frown}{\text{B'F}} = 90^\circ \tag{1.4}$$

$$\overset{\frown}{\text{C'E}} = 90^\circ, \tag{1.5}$$

pois B' é polo de $\overset{\frown}{\text{AC}}$ com F pertencendo ao círculo máximo contendo $\overset{\frown}{\text{AC}}$ e C' é polo de $\overset{\frown}{\text{AB}}$ com E pertencendo ao círculo máximo contendo $\overset{\frown}{\text{AB}}$ (Observação 1.20).

Somando as Equações (1.4) e (1.5) temos:

$$\overset{\frown}{\text{B'F}} + \overset{\frown}{\text{C'E}} = 180^\circ. \tag{1.6}$$

Sabe-se que

$$\overset{\frown}{\text{B'F}} = \overset{\frown}{\text{B'E}} + \overset{\frown}{\text{EF}} \tag{1.7}$$

$$\overset{\frown}{\text{C'E}} = \overset{\frown}{\text{EF}} + \overset{\frown}{\text{C'F}}. \tag{1.8}$$

Substituindo as Equações (1.7) e (1.8) em (1.6).

$$\overset{\frown}{\text{B'E}} + \overset{\frown}{\text{EF}} + \overset{\frown}{\text{EF}} + \overset{\frown}{\text{C'F}} = 180^\circ$$

$$a' + \overset{\frown}{\text{EF}} = 180^\circ.$$

Como A é polo de $\overset{\frown}{\text{EF}}$, tem-se $\overset{\frown}{\text{EF}} = \widehat{A}$ (Observação 1.21). Então

$$\widehat{A} + a' = 180^\circ.$$

De modo análogo, prova-se para os outros lados. □

Teorema 1.25. *A soma dos ângulos de um triângulo esférico é maior que* 180° *e menor que* 540°.

Demonstração. Considere o triângulo ABC e o seu triângulo polar A'B'C' cujos lados são a', b' e c', dispostos conforme no Teorema 1.24. Assim:

$$\widehat{A} + a' = 180^\circ$$

$$\widehat{B} + b' = 180^\circ$$

$$\widehat{C} + c' = 180^\circ.$$

Por adição tem-se:

$$(\widehat{A} + \widehat{B} + \widehat{C}) + (a' + b' + c') = 540^\circ.$$

Mas pelo Teorema 1.18:

$$a' + b' + c' < 360^\circ.$$

O que implica em

$$\widehat{A} + \widehat{B} + \widehat{C} > 180^\circ.$$

Também, como $a' + b' + c' > 0$, certamente tem se que

$$\widehat{A} + \widehat{B} + \widehat{C} < 540^\circ.$$

Dessa forma

$$180^\circ < \widehat{A} + \widehat{B} + \widehat{C} < 540^\circ.$$

□

Definição 1.26. *(Excesso Esférico) - Seja s a soma dos ângulos de um triângulo esférico. Chama-se excesso esférico a diferença $E = s - 180^\circ$.*

Definição 1.27. *(Fuso) - Chama-se fuso a porção da superfície esférica compreendida entre dois semicírculos máximos que têm extremos comuns. Os pontos comuns desses semicírculos máximos são denominados vértices do fuso. O ângulo fuso é o ângulo diedro formado pelos planos dos semicírculos máximos que definem o fuso.*

É prática comum denominar um fuso de A, se um de seus vértices for o ponto A.

O ângulo fuso se mede pelo arco de círculo máximo, compreendido entre os dois arcos de círculos que definem o próprio fuso, no qual os vértices do fuso são polos. Observe a figura ao lado, note que $\widehat{\text{BI}}$ é a medida do ângulo fuso A.

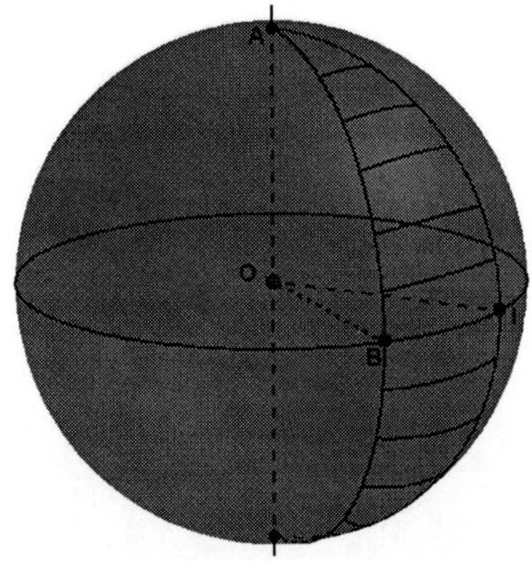

Teorema 1.28. - *A área do triângulo esférico é proporcional ao excesso esférico.*

Demonstração. Sabendo que a área da esfera pode ser calculada por $A = 4\pi r^2$, chamando f a área do fuso de n graus, temos:

$$f = \frac{4\pi r^2 n}{360^\circ} = \frac{\pi r^2 n}{90^\circ}. \tag{1.9}$$

Considere a esfera de centro O sobre o qual três planos passando por O se interceptam dois a dois, determinando oito triângulos esféricos, conforme a imagem.

Nos quatro triângulos visíveis na figura ao lado e cujas áreas são S, a, b e c, pode-se verificar que:

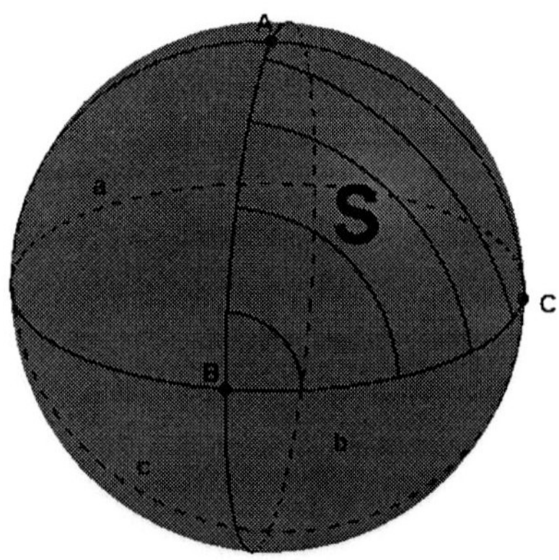

$$S + a = f_C$$

$$S + b = f_A$$

$$S + c = f_B,$$

em que f_A é a área do fuso cujo vértice é A, f_B é a área do fuso cujo vértice é B e f_C é a área do fuso cujo vértice é C.

Somando as igualdades acima tem-se:

$$2S + S + a + b + c = f_A + f_B + f_C.$$

Mas $S + a + b + c = \frac{1}{2}$ área da esfera $= 2\pi r^2$.

Assim,

$$2S = f_A + f_B + f_C - 2\pi r^2$$

$$S = \frac{1}{2}(f_A + f_B + f_C) - \pi r^2.$$

Da Equação (1.9) sabe-se que: $f_A = \frac{\pi r^2 \widehat{A}}{90^\circ}$, $f_B = \frac{\pi r^2 \widehat{B}}{90^\circ}$ e $f_C = \frac{\pi r^2 \widehat{C}}{90^\circ}$. Logo,

$$S = \frac{1}{2}\left(\frac{\pi r^2 \widehat{A}}{90^\circ} + \frac{\pi r^2 \widehat{B}}{90^\circ} + \frac{\pi r^2 \widehat{C}}{90^\circ}\right) - \pi r^2$$

$$S = \frac{\pi r^2 \widehat{A} + \pi r^2 \widehat{B} + \pi r^2 \widehat{C}}{180^\circ} - \pi r^2$$

$$S = \frac{\pi r^2}{180^\circ}(\widehat{A} + \widehat{B} + \widehat{C} - 180^\circ). \tag{1.10}$$

A Equação (1.10) fornece a área do triângulo esférico cujos ângulos são $\widehat{A}$, $\widehat{B}$ e $\widehat{C}$.

Conforme a Definição 1.26, $\widehat{A}+\widehat{B}+\widehat{C}-180^\circ$ é o excesso esférico. Portanto, a área do triângulo esférico é dada por:

$$S = \frac{\pi r^2 E}{180^\circ}.$$

Com isso tem-se que a área S de um triângulo esférico é proporcional ao seu excesso esférico E. □

Observação 1.29. *Perceba que a Equação (1.10) fornece uma fórmula para a área de um triângulo esférico em função de seus três ângulos.*

Feitas as devidas considerações à respeito de algumas propriedades da esfera e dos triângulos esféricos, podemos partir para o estudo trigonométrico.

Capítulo 2

Trigonometria Esférica

Neste capítulo, exploraremos as resoluções de senos e cossenos em triângulos esféricos, bem como ramificações decorrentes. Sublinhamos que neste texto presumimos que o leitor detém um embasamento prévio em trigonometria plana.

2.1 Lei dos Senos e Cossenos Esféricos

Como forma de orientação para as próximas demonstrações, utilizaremos a figura a seguir, que representa um triângulo esférico ABC em uma esfera de centro O.

Considere uma reta perpendicular ao plano OBC que passa pelo vértice A do triângulo esférico e P o ponto de interseção dessa reta com o plano OBC. Nesse caso, define-se o segmento AP como perpendicular ao plano OBC. Por processo semelhante, partindo de P, consegue-se os segmentos PM e PN, perpendiculares aos segmentos OB e OC, respectivamente. Desse modo, os triângulos euclidianos APN, APM, ONP, OMP e OPA são retângulos. Sendo assim, são verdadeiras as seguintes igualdades:

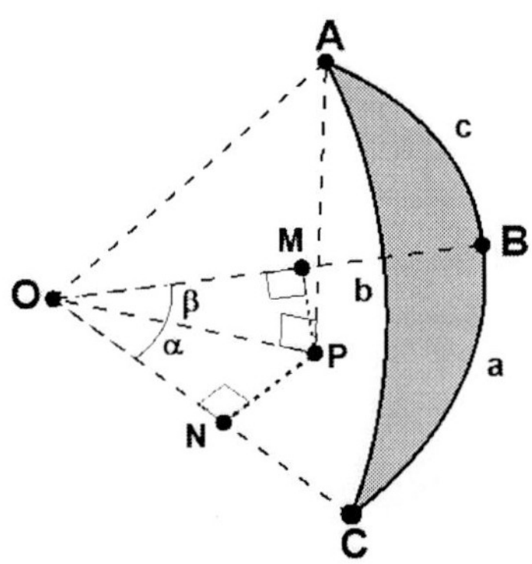

$$OA^2 = AP^2 + OP^2 \tag{2.1}$$

$$AM^2 = AP^2 + PM^2 \implies AP^2 = AM^2 - PM^2 \tag{2.2}$$

$$OP^2 = OM^2 + PM^2 \tag{2.3}$$

$$AN^2 = AP^2 + PN^2 \implies AP^2 = AN^2 - PN^2 \tag{2.4}$$

$$OP^2 = ON^2 + PN^2. \tag{2.5}$$

Substituindo as Equações (2.2) e (2.3) em (2.1), segue:

$$OA^2 = AM^2 - PM^2 + OM^2 + PM^2 \implies OA^2 = AM^2 + OM^2.$$

O que implica que o triângulo euclidiano OMA é também retângulo.
Substituindo as Equações (2.4) e (2.5) em (2.1), segue:

$$OA^2 = AN^2 - PN^2 + ON^2 + PN^2 \implies OA^2 = AN^2 + ON^2.$$

O que implica que o triângulo euclidiano ONA é também retângulo.
Portanto, todos os triângulos euclidianos APN, APM, ONP, OMP, OPA, OMA e ONA são retângulos.

Do triângulo retângulo euclidiano ONA, uma vez que o ângulo do vértice O coincide com o lado b do triângulo esférico, segue que

$$\cos(b) = \frac{ON}{OA} \tag{2.6}$$

e

$$\operatorname{sen}(b) = \frac{AN}{OA}. \tag{2.7}$$

Do triângulo retângulo euclidiano OMA, uma vez que o ângulo do vértice O coincide com o lado c do triângulo esférico, segue que:

$$\cos(c) = \frac{OM}{OA} \tag{2.8}$$

e

$$\operatorname{sen}(c) = \frac{AM}{OA}. \tag{2.9}$$

Do triângulo retângulo euclidiano OMP, denotando por α o ângulo com vértice em O, segue que:

$$\cos(\alpha) = \frac{OM}{OP} \tag{2.10}$$

e

$$\operatorname{sen}(\alpha) = \frac{MP}{OP}. \tag{2.11}$$

Do triângulo retângulo euclidiano ONP, denotando por β o ângulo com vértice em O, segue que:

$$\cos(\beta) = \frac{ON}{OP} \tag{2.12}$$

e

$$\operatorname{sen}(\beta) = \frac{NP}{OP}. \tag{2.13}$$

Observa-se, adicionalmente, que dos triângulos euclidianos APN e APM, tem-se:

$$\cos(\widehat{N}) = \frac{NP}{AN},$$

$$\operatorname{sen}(\widehat{N}) = \frac{AP}{AN},$$

$$\cos(\widehat{M}) = \frac{MP}{AM},$$

$$\operatorname{sen}(\widehat{M}) = \frac{AP}{AM}$$

Como $\widehat{M}$ e $\widehat{N}$ são os mesmos ângulos diedros que definem os ângulos $\widehat{B}$ e $\widehat{C}$, respectivamente, segue pela Definição 1.9, que:

$$\cos(\widehat{C}) = \frac{NP}{AN}, \tag{2.14}$$

$$\operatorname{sen}(\widehat{C}) = \frac{AP}{AN}, \tag{2.15}$$

$$\cos(\widehat{B}) = \frac{MP}{AM}, \tag{2.16}$$

$$\text{sen}(\widehat{B}) = \frac{AP}{AM} \tag{2.17}$$

Feitas as devidas considerações, pode-se enunciar e demonstrar os principais resultados a respeito de trigonometria em triângulos esféricos.

Teorema 2.1. *(Leis dos Cossenos Esféricos) - Considere um triângulo esférico de vértices A, B e C, com ângulos internos medindo $\widehat{A}$, $\widehat{B}$ e $\widehat{C}$ e cujos lados opostos medem a, b e c, respectivamente. Então, são verdadeiras:*

$$\cos(a) = \cos(b).\cos(c) + sen(b).\,sen(c).\cos(\widehat{A}),$$

$$\cos(b) = \cos(a).\cos(c) + sen(a).\,sen(c).\cos(\widehat{B}),$$

$$\cos(c) = \cos(a).\cos(b) + sen(a).\,sen(b).\cos(\widehat{C}).$$

Demonstração. Como $\alpha + \beta = a$ e pelas Equações (2.8) e (2.10) tem-se:

$$\begin{aligned} OM = OA.\cos(c) &\Longrightarrow OP.\cos(\alpha) = OA.\cos(c) \\ &\Longrightarrow OP.\cos(a - \beta) = OA.\cos(c). \end{aligned}$$

Usando a Relação (A.1) do Apêndice A com as Equações (2.12) e (2.13):

$$\begin{aligned} & OP\,(\cos(a).\cos(\beta) + \text{sen}(a).\,\text{sen}(\beta)) = OA.\cos(c) \\ \Longrightarrow\ & OP\left(\cos(a)\frac{ON}{OP} + \text{sen}(a)\frac{NP}{OP}\right) = OA.\cos(c). \end{aligned}$$

Daí, com o auxílio da Equação (2.6), segue que:

$$OA.\cos(c) = OA.\cos(b).\cos(a) + NP.\,\text{sen}(a). \tag{2.18}$$

Das Equações (2.14) e (2.7) tem-se $NP = \cos(\widehat{C}).AN$ e $AN = \text{sen}(b).OA$. Isto é,

$$NP = \cos(\widehat{C}).\,\text{sen}(b).OA.$$

Substituindo na Equação (2.18), segue:

$$OA.\cos(c) = OA.\cos(b)\cos(a) + OA.\,\text{sen}(b)\cos(\widehat{C})\,\text{sen}(a).$$

Ou seja,

$$\cos(c) = \cos(a).\cos(b) + \operatorname{sen}(a).\operatorname{sen}(b).\cos(\widehat{C}).$$

Isto demonstra uma das três relações propostas. Para as duas restantes, as demonstrações são análogas. □

As fórmulas do Teorema 2.1 também são conhecidas como Fórmulas dos Quatro Elementos, pois são compostas por quatro elementos de um triângulo esférico (três lados e um ângulo). Este teorema é de grande importância na Trigonometria Esférica, porque é o ponto de partida para a dedução das demais fórmulas fundamentais.

Teorema 2.2. *(Leis dos Senos Esféricos) - Considere um triângulo esférico de vértices A, B e C, com ângulos internos medindo $\widehat{A}$, $\widehat{B}$ e $\widehat{C}$ e cujos lados opostos medem a, b e c, respectivamente. Então,*

$$\frac{sen(a)}{sen(\widehat{A})} = \frac{sen(b)}{sen(\widehat{B})} = \frac{sen(c)}{sen(\widehat{C})}.$$

Demonstração. Das Equações (2.9) e (2.17), segue:

$$\operatorname{sen}(c) = \frac{AM}{OA} \implies AM = OA.\operatorname{sen}(c)$$

e

$$\operatorname{sen}(\widehat{B}) = \frac{AP}{AM} \implies AM = \frac{AP}{\operatorname{sen}(\widehat{B})},$$

onde $\operatorname{sen}(\widehat{B}) \neq 0$, uma vez que $0° < \widehat{B} < 180°$ (Observação 1.11).

Desse modo,

$$OA.\operatorname{sen}(c) = \frac{AP}{\operatorname{sen}(\widehat{B})}. \tag{2.19}$$

Das Equações (2.7) e (2.15), segue:

$$\operatorname{sen}(b) = \frac{AN}{OA} \implies AN = OA.\operatorname{sen}(b)$$

e

$$\operatorname{sen}(\widehat{C}) = \frac{AP}{AN} \implies AN = \frac{AP}{\operatorname{sen}(\widehat{C})},$$

onde $\text{sen}(\widehat{C}) \neq 0$, uma vez que $0° < \widehat{C} < 180°$ (Observação 1.11).

Desse modo,

$$OA.\,\text{sen}(b) = \frac{AP}{\text{sen}(\widehat{C})}. \tag{2.20}$$

Das Equações (2.19) e (2.20), conclui-se que

$$\frac{AP}{OA} = \text{sen}(c).\,\text{sen}(\widehat{B}) = \text{sen}(b).\,\text{sen}(\widehat{C}).$$

Que implica,

$$\frac{\text{sen}(b)}{\text{sen}(\widehat{B})} = \frac{\text{sen}(c)}{\text{sen}(\widehat{C})}.$$

Assim demonstra-se uma das igualdades. A outra é obtida de modo análogo. □

Teorema 2.3. *(Fórmulas Adicionais dos Quatro Elementos) - Considere um triângulo esférico de vértices A, B e C, com ângulos internos medindo $\widehat{A}$, $\widehat{B}$ e $\widehat{C}$ e cujos lados opostos medem a, b e c, respectivamente. Então,*

$$\cos(\widehat{A}) = -\cos(\widehat{B}).\cos(\widehat{C}) + sen(\widehat{B}).\,sen(\widehat{C}).\cos(a),$$

$$\cos(\widehat{B}) = -\cos(\widehat{A}).\cos(\widehat{C}) + sen(\widehat{A}).\,sen(\widehat{C}).\cos(b),$$

$$\cos(\widehat{C}) = -\cos(\widehat{A}).\cos(\widehat{B}) + sen(\widehat{A}).\,sen(\widehat{B}).\cos(c).$$

Demonstração. Considere o Teorema 2.1 aplicado no triângulo polar A'B'C' do triângulo ABC:

$$\cos(a') = \cos(b').\cos(c') + \text{sen}(b').\,\text{sen}(c').\cos(\widehat{A'}), \tag{2.21}$$

$$\cos(b') = \cos(a').\cos(c') + \text{sen}(a').\,\text{sen}(c').\cos(\widehat{B'}), \tag{2.22}$$

$$\cos(c') = \cos(a').\cos(b') + \text{sen}(a').\,\text{sen}(b').\cos(\widehat{C'}). \tag{2.23}$$

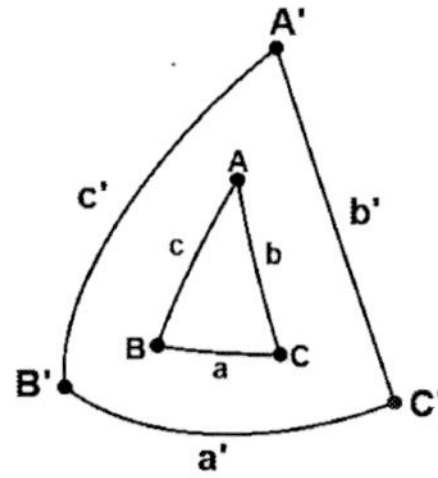

Do Teorema 1.24 segue:

$$
\begin{aligned}
a' &= 180^\circ - \widehat{A},\\
b' &= 180^\circ - \widehat{B},\\
c' &= 180^\circ - \widehat{C},\\
\widehat{A'} &= 180^\circ - a,\\
\widehat{B'} &= 180^\circ - b,\\
\widehat{C'} &= 180^\circ - c.
\end{aligned}
$$

Substituindo as considerações anteriores nas Equações (2.21), (2.22) e (2.23):

$$\cos(180^\circ - \widehat{A}) =$$
$$\cos(180^\circ - \widehat{B}).\cos(180^\circ - \widehat{C}) + \operatorname{sen}(180^\circ - \widehat{B}).\operatorname{sen}(180^\circ - \widehat{C}).\cos(180^\circ - a),$$

$$\cos(180^\circ - \widehat{B}) =$$
$$\cos(180^\circ - \widehat{A}).\cos(180^\circ - \widehat{C}) + \operatorname{sen}(180^\circ - \widehat{A}).\operatorname{sen}(180^\circ - \widehat{C}).\cos(180^\circ - b),$$

$$\cos(180^\circ - \widehat{C}) =$$
$$\cos(180^\circ - \widehat{A}).\cos(180^\circ - \widehat{B}) + \operatorname{sen}(180^\circ - \widehat{A}).\operatorname{sen}(180^\circ - \widehat{B}).\cos(180^\circ - c).$$

Pelas Relações (A.23) e (A.24) do Apêndice A tem-se:

$$
\begin{aligned}
-\cos(\widehat{A}) &= -\cos(\widehat{B}).(-\cos(\widehat{C})) + \operatorname{sen}(\widehat{B}).\operatorname{sen}(\widehat{C}).(-\cos(a)),\\
-\cos(\widehat{B}) &= -\cos(\widehat{A}).(-\cos(\widehat{C})) + \operatorname{sen}(\widehat{A}).\operatorname{sen}(\widehat{C}).(-\cos(b)),\\
\cos(\widehat{C}) &= -\cos(\widehat{A}).(-\cos(\widehat{B})) + \operatorname{sen}(\widehat{A}).\operatorname{sen}(\widehat{B}).(-\cos(c)),
\end{aligned}
$$

De onde segue

$$
\begin{aligned}
\cos(\widehat{A}) &= -\cos(\widehat{B}).\cos(\widehat{C}) + \operatorname{sen}(\widehat{B}).\operatorname{sen}(\widehat{C}).\cos(a),\\
\cos(\widehat{B}) &= -\cos(\widehat{A}).\cos(\widehat{C}) + \operatorname{sen}(\widehat{A}).\operatorname{sen}(\widehat{C}).\cos(b),\\
\cos(\widehat{C}) &= -\cos(\widehat{A}).\cos(\widehat{B}) + \operatorname{sen}(\widehat{A}).\operatorname{sen}(\widehat{B}).\cos(c).
\end{aligned}
$$

O que conclui a demonstração. □

2.2 Congruências de Triângulos Esféricos Revisitadas

No capítulo 1, a seção 1.2 termina apresentando quatro casos de congruências de triângulos esféricos. Nesta seção, apresentaremos uma demonstração matemática para cada caso. Para os teoremas que seguem, consideramos sempre triângulos na mesma esfera (ou em esferas iguais).

Teorema 2.4. (1° *Caso - AAA) Se dois triângulos esféricos têm os três ângulos esféricos congruentes, então os triângulos são congruentes.*

Demonstração. Considere os triângulos esféricos de lados a, b e c e x, y e z, com ângulos congruentes $\widehat{A}$, $\widehat{B}$ e $\widehat{C}$ dispostos de acordo com a figura.

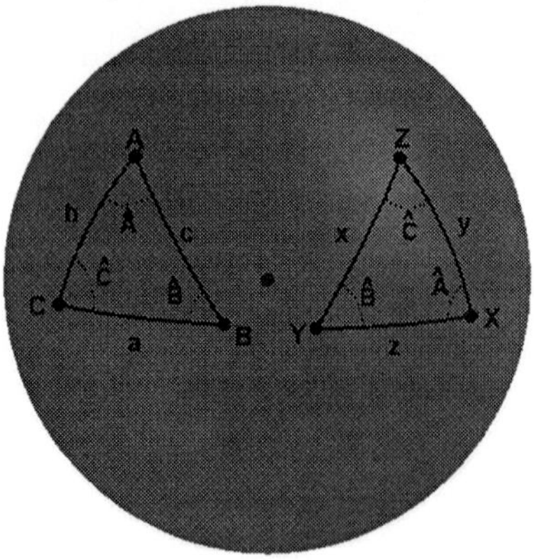

No primeiro triângulo, do Teorema 2.3, segue que:

$$\cos(a) = \frac{\cos(\widehat{A}) + \cos(\widehat{B})\cos(\widehat{C})}{\text{sen}(\widehat{B})\,\text{sen}(\widehat{C})},$$

$$\cos(b) = \frac{\cos(\widehat{B}) + \cos(\widehat{A})\cos(\widehat{C})}{\text{sen}(\widehat{A})\,\text{sen}(\widehat{C})},$$

$$\cos(c) = \frac{\cos(\widehat{C}) + \cos(\widehat{A})\cos(\widehat{B})}{\text{sen}(\widehat{A})\,\text{sen}(\widehat{B})}.$$

No segundo triângulo, do Teorema 2.3, segue que:

$$\cos(x) = \frac{\cos(\widehat{A}) + \cos(\widehat{B})\cos(\widehat{C})}{\text{sen}(\widehat{B})\,\text{sen}(\widehat{C})},$$

$$\cos(y) = \frac{\cos(\widehat{B}) + \cos(\widehat{A})\cos(\widehat{C})}{\text{sen}(\widehat{A})\,\text{sen}(\widehat{C})},$$

$$\cos(z) = \frac{\cos(\widehat{C}) + \cos(\widehat{A})\cos(\widehat{B})}{\text{sen}(\widehat{A})\,\text{sen}(\widehat{B})}.$$

Dessa forma, tem-se $\cos(a) = \cos(x)$, $\cos(b) = \cos(y)$ e $\cos(c) = \cos(z)$

Portanto $a = x$, $b = y$ e $c = z$, pois o cosseno é unicamente determinado entre 0° e 180°. Sendo assim, os triângulos são congruentes. □

Teorema 2.5. *(2° Caso - ALA) Se dois triângulos esféricos têm dois ângulos esféricos e o lado adjacente a eles congruentes, então os triângulos são congruentes.*

Demonstração. Considere os triângulos esféricos com ângulos congruentes $\widehat{A}$ e $\widehat{B}$ e lado adjacente a esses ângulos com medida x, dispostos de acordo com a figura.

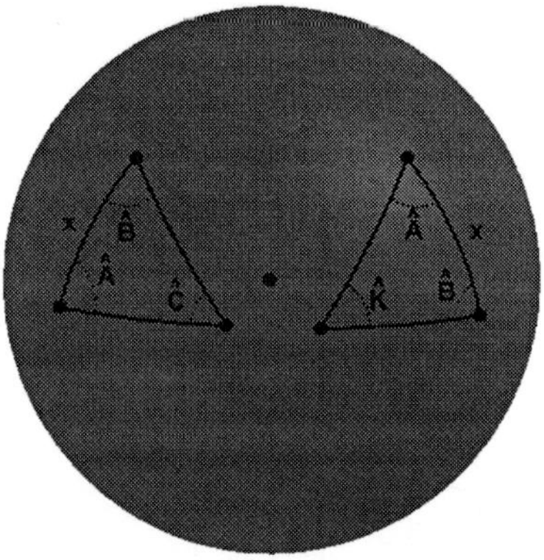

No primeiro triângulo, do Teorema 2.3, segue que:

$$\cos(x) = \frac{\cos(\widehat{C}) + \cos(\widehat{A})\cos(\widehat{B})}{\operatorname{sen}(\widehat{A})\operatorname{sen}(\widehat{B})}. \tag{2.24}$$

No segundo triângulo, do Teorema 2.3, segue que:

$$\cos(x) = \frac{\cos(\widehat{K}) + \cos(\widehat{A})\cos(\widehat{B})}{\operatorname{sen}(\widehat{A})\operatorname{sen}(\widehat{B})}. \tag{2.25}$$

Segue das Equações (2.24) e (2.25):

$$\frac{\cos(\widehat{C}) + \cos(\widehat{A})\cos(\widehat{B})}{\operatorname{sen}(\widehat{A})\operatorname{sen}(\widehat{B})} = \frac{\cos(\widehat{K}) + \cos(\widehat{A})\cos(\widehat{B})}{\operatorname{sen}(\widehat{A})\operatorname{sen}(\widehat{B})} \implies \cos(\widehat{C}) = \cos(\widehat{K})$$
$$\implies \widehat{C} = \widehat{K},$$

pois o cosseno é unicamente determinado entre 0° e 180°. Sendo assim, os triângulos são congruentes, pois retoma-se o caso do Teorema 2.4 (AAA). □

Teorema 2.6. *(3° Caso - LLL) Se dois triângulos esféricos têm os três lados congruentes, então os triângulos são congruentes.*

Demonstração. Considere os triângulos esféricos de ângulos $\widehat{A}$, $\widehat{B}$ e $\widehat{C}$ e $\widehat{K}$, $\widehat{L}$ e $\widehat{I}$ com lados congruentes a, b e c dispostos de acordo com a figura.

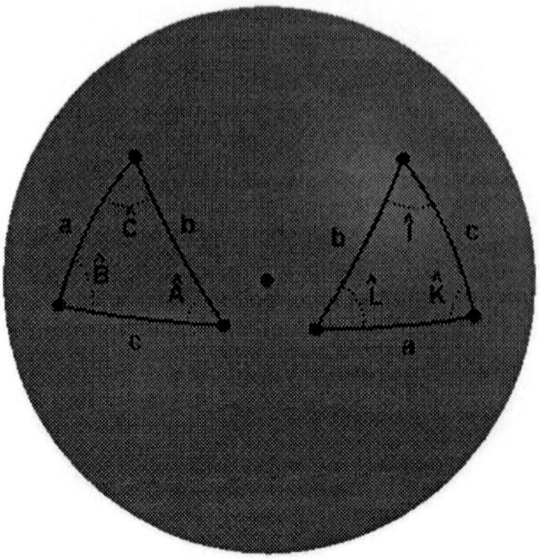

No primeiro triângulo, do Teorema 2.1, segue que:

$$\cos(\widehat{A}) = \frac{\cos(a) - \cos(b).\cos(c)}{\text{sen}(b).\,\text{sen}(c)},$$

$$\cos(\widehat{B}) = \frac{\cos(b) - \cos(a).\cos(c)}{\text{sen}(a).\,\text{sen}(c)},$$

$$\cos(\widehat{C}) = \frac{\cos(c) - \cos(a).\cos(b)}{\text{sen}(a).\,\text{sen}(b)}.$$

No segundo triângulo, do Teorema 2.1, segue que:

$$\cos(\widehat{K}) = \frac{\cos(a) - \cos(b).\cos(c)}{\text{sen}(b).\,\text{sen}(c)},$$

$$\cos(\widehat{L}) = \frac{\cos(b) - \cos(a).\cos(c)}{\text{sen}(a).\,\text{sen}(c)},$$

$$\cos(\widehat{I}) = \frac{\cos(c) - \cos(a).\cos(b)}{\text{sen}(a).\,\text{sen}(b)}.$$

Dessa forma, tem-se:

$$\cos(\widehat{A}) = \cos(\widehat{K}) \Longrightarrow \widehat{A} = \widehat{K},$$

$$\cos(\widehat{B}) = \cos(\widehat{L}) \Longrightarrow \widehat{B} = \widehat{L},$$

$$\cos(\widehat{C}) = \cos(\widehat{I}) \Longrightarrow \widehat{C} = \widehat{I},$$

pois o cosseno é unicamente determinado entre 0° e 180°. Sendo assim, os triângulos são congruentes, pois retoma-se o caso do Teorema 2.4 (AAA). □

Teorema 2.7. *(4° Caso - LAL) Se dois triângulos esféricos têm dois lados congruentes e o ângulo entre eles também congruentes, então os triângulos são congruentes.*

Demonstração. Considere os triângulos esféricos com dois lados congruentes b e c e com o ângulo $\widehat{A}$ entre eles também congruente, dispostos de acordo com a figura.

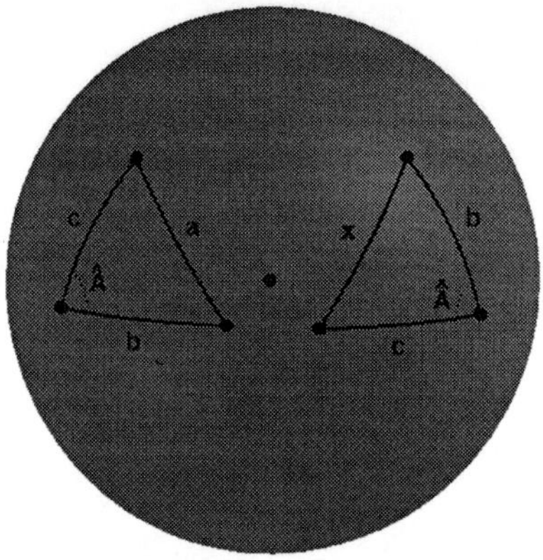

No primeiro triângulo, do Teorema 2.1, segue que:

$$\cos(\widehat{A}) = \frac{\cos(a) - \cos(b).\cos(c)}{\text{sen}(b).\,\text{sen}(c)}. \tag{2.26}$$

No segundo triângulo, do Teorema 2.1, segue que:

$$\cos(\widehat{A}) = \frac{\cos(x) - \cos(b).\cos(c)}{\text{sen}(b).\,\text{sen}(c)}. \tag{2.27}$$

Segue das Equações (2.26) e (2.27):

$$\frac{\cos(a) - \cos(b)\cos(c)}{\text{sen}(b)\,\text{sen}(c)} = \frac{\cos(x) - \cos(b)\cos(c)}{\text{sen}(b)\,\text{sen}(c)} \implies \cos(a) = \cos(x)$$
$$\implies a = x,$$

pois o cosseno é unicamente determinado entre 0° e 180°. Sendo assim, os triângulos são congruentes, pois retoma-se o caso do Teorema 2.6 (LLL). ◻

2.3 Fórmulas dos Cinco Elementos

Nesta seção apresentaremos as Fórmulas dos Cinco Elementos e as Fórmulas das Cotangentes, resultados derivados das Fórmulas dos Quatro Elementos (Lei dos Cossenos) e Lei dos Senos, desenvolvidas na seção 2.1. Nas demonstrações continuaremos adotando como suporte a mesma figura do início deste capítulo.

O teorema seguinte apresenta as Fórmulas dos Cinco Elementos, que relacionam três lados e dois ângulos de um triângulo esférico.

Teorema 2.8. *(Fórmulas dos Cinco Elementos) - Considere um triângulo esférico de vértices A, B e C, com ângulos internos medindo $\widehat{A}$, $\widehat{B}$ e $\widehat{C}$ e cujos lados opostos medem a, b e c, respectivamente. Então, são verdadeiras:*

$$sen(a).\cos(\widehat{C}) = sen(b).\cos(c) - \cos(b).\,sen(c).\cos(\widehat{A}),$$

$$sen(a).\cos(\widehat{B}) = sen(c).\cos(b) - \cos(c).\,sen(b).\cos(\widehat{A}),$$

$$sen(b).\cos(\widehat{A}) = sen(c).\cos(a) - \cos(c).\,sen(a).\cos(\widehat{B}),$$
$$sen(b).\cos(\widehat{C}) = sen(a).\cos(c) - \cos(a).\,sen(c).\cos(\widehat{B}),$$
$$sen(c).\cos(\widehat{B}) = sen(a).\cos(b) - \cos(a).\,sen(b).\cos(\widehat{C}),$$
$$sen(c).\cos(\widehat{A}) = sen(b).\cos(a) - \cos(b).\,sen(a).\cos(\widehat{C}).$$

Demonstração. Note que $\alpha + \beta = a$.

Da Equação (2.11), tem-se que:

$$MP = OP.\,\text{sen}(\alpha) = OP.\,\text{sen}(a - \beta).$$

O que, pela Relação (A.2) do Apêndice A, implica em:

$$MP = OP.\,\text{sen}(a).\cos(\beta) - OP.\cos(a).\,\text{sen}(\beta). \tag{2.28}$$

Das Equações (2.16) e (2.9) tem-se $MP = AM.\cos(\widehat{B})$ e $AM = OA.\,\text{sen}(c)$, ou seja:

$$MP = OA.\,\text{sen}(c).\cos(\widehat{B}). \tag{2.29}$$

Das Equações (2.12) e (2.6) tem-se $ON = OP.\cos(\beta)$ e $ON = OA.\cos(b)$, ou seja:

$$OP.\cos(\beta) = OA.\cos(b). \tag{2.30}$$

Das Equações (2.14) e (2.7) tem-se $NP = AN.\cos(\widehat{C})$ e $AN = OA.\,\text{sen}(b)$, ou seja:

$$NP = OA.\,\text{sen}(b).\cos(\widehat{C}).$$

Mas da Equação (2.13), segue $NP = OP.\,\text{sen}(\beta)$, então:

$$OP.\,\text{sen}(\beta) = OA.\,\text{sen}(b).\cos(\widehat{C}). \tag{2.31}$$

Substituindo as Equações (2.29), (2.30) e (2.31) na Equação (2.28), segue que:

$$OA.\,\text{sen}(c).\cos(\widehat{B}) = OA.\,\text{sen}(a).\cos(b) - OA.\cos(a).\,\text{sen}(b).\cos(\widehat{C}),$$

ou seja,

$$\text{sen}(c).\cos(\widehat{B}) = \text{sen}(a).\cos(b) - \cos(a).\,\text{sen}(b).\cos(\widehat{C}).$$

De maneira análoga é possível provar todas as outras fórmulas enunciadas neste teorema. □

Agora, como consequência, utilizando as Fórmulas dos Cinco Elementos e a Lei dos Senos, obtêm-se as Fórmulas das Cotangentes.

Teorema 2.9. *(Fórmulas das Cotangentes) - Considere um triângulo esférico de vértices A, B e C, com ângulos internos medindo $\widehat{A}$, $\widehat{B}$ e $\widehat{C}$ e cujos lados opostos medem a, b e c, respectivamente. Então, são verdadeiras:*

$$\begin{aligned}
sen(a).\cot(c) &= sen(\widehat{B}).\cot(\widehat{C}) + \cos(a).\cos(\widehat{B}),\\
sen(a).\cot(b) &= sen(\widehat{C}).\cot(\widehat{B}) + \cos(a).\cos(\widehat{C}),\\
sen(b).\cot(a) &= sen(\widehat{C}).\cot(\widehat{A}) + \cos(b).\cos(\widehat{C}),\\
sen(b).\cot(c) &= sen(\widehat{A}).\cot(\widehat{C}) + \cos(b).\cos(\widehat{A}),\\
sen(c).\cot(a) &= sen(\widehat{B}).\cot(\widehat{A}) + \cos(c).\cos(\widehat{B}),\\
sen(c).\cot(b) &= sen(\widehat{A}).\cot(\widehat{B}) + \cos(c).\cos(\widehat{A}).
\end{aligned}$$

Demonstração. Partindo do Teorema 2.8, considere a fórmula:

$$\operatorname{sen}(b).\cos(\widehat{C}) = \operatorname{sen}(a).\cos(c) - \cos(a).\operatorname{sen}(c).\cos(\widehat{B}). \tag{2.32}$$

Dividindo a Equação (2.32) por $\operatorname{sen}(c)$, tem se

$$\frac{\operatorname{sen}(b).\cos(\widehat{C})}{\operatorname{sen}(c)} = \frac{\operatorname{sen}(a).\cos(c)}{\operatorname{sen}(c)} - \frac{\cos(a).\operatorname{sen}(c).\cos(\widehat{B})}{\operatorname{sen}(c)}$$

$$\operatorname{sen}(a).\cot(c) = \frac{\operatorname{sen}(b).\cos(\widehat{C})}{\operatorname{sen}(c)} + \cos(a).\cos(\widehat{B}). \tag{2.33}$$

Do Teorema 2.2, segue que:

$$\frac{\operatorname{sen}(b)}{\operatorname{sen}(\widehat{B})} = \frac{\operatorname{sen}(c)}{\operatorname{sen}(\widehat{C})} \implies \operatorname{sen}(c) = \frac{\operatorname{sen}(b).\operatorname{sen}(\widehat{C})}{\operatorname{sen}(\widehat{B})}. \tag{2.34}$$

Substituindo a Equação (2.34) na (2.33) tem-se

$$\operatorname{sen}(a).\cot(c) = \operatorname{sen}(\widehat{B}).\cot(\widehat{C}) + \cos(a).\cos(\widehat{B}).$$

As demais equações são demonstradas analogamente, partindo das outras fórmulas do Teorema 2.8. □

2.4 Triângulos Esféricos Obliquângulos

Nesta seção serão estudados os seis casos de resolução de triângulos esféricos obliquângulos[1].

Estas resoluções são obtidas em função dos lados e ângulos do triângulo esférico obliquângulo. Os seis casos são:
1° Caso: Dados os 3 lados a, b, c.
2° Caso: Dados os 3 ângulos $\widehat{A}$, $\widehat{B}$, $\widehat{C}$.
3° Caso: Dados a, b, $\widehat{C}$, isto é: dois lados e o ângulo compreendido.
4° Caso: Dados $\widehat{A}$, $\widehat{B}$, c, isto é: dois ângulos e o lado adjacente.
5° Caso: Dados a, b, $\widehat{A}$, isto é: dois lados e o ângulo oposto a um deles.
6° Caso: Dados $\widehat{A}$, $\widehat{B}$, a, isto é: dois ângulos e o lado oposto a um deles.

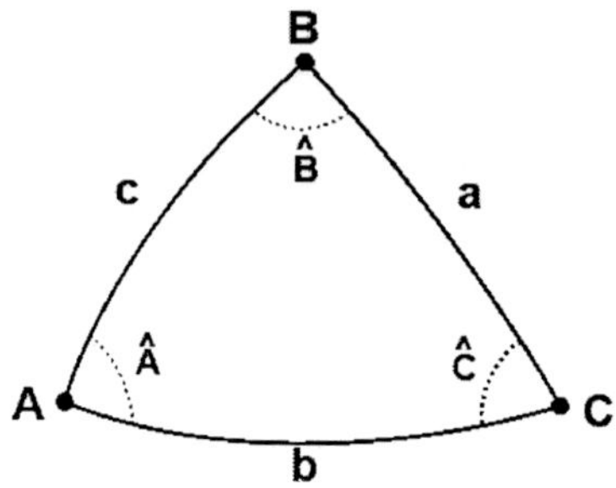

2.4.1 Fórmulas de Borda

As fórmulas de bordas são as resoluções obtidas por meio dos Teoremas 2.1 e 2.3 e apresentam os 2 primeiros casos de resolução dos triângulos obliquângulos. Para as demonstrações a seguir, considere a figura anterior.

2.4.1.1 1º Caso de Resolução de Triângulos Obliquângulos

Caso: Dados os 3 lados a, b, c, calcular $\widehat{A}, \widehat{B}$ e $\widehat{C}$.
Abordagem: Usar o Teorema 2.10.

Teorema 2.10. *(Fórmulas dos Marinheiros) - Considere um triângulo esférico de vértices A, B e C, com ângulos internos medindo $\widehat{A}$, $\widehat{B}$ e $\widehat{C}$ e cujos lados opostos medem a, b e c, respectivamente. Considerando s a metade do perímetro do triângulo, são verdadeiras:*

$$tg^2(\tfrac{\widehat{A}}{2}) = \frac{sen(s-b).\,sen(s-c)}{sen(s).\,sen(s-a)},$$

$$tg^2(\tfrac{\widehat{B}}{2}) = \frac{sen(s-a).\,sen(s-c)}{sen(s).\,sen(s-b)},$$

[1]Triângulos que não possuem ângulos retos.

$$tg^2(\tfrac{\widehat{C}}{2}) = \frac{sen(s-a).\,sen(s-b)}{sen(s).\,sen(s-c)}.$$

Demonstração. Do Teorema 2.1, segue:

$$\begin{aligned} \cos(a) &= \cos(b).\cos(c) + \operatorname{sen}(b).\operatorname{sen}(c).\cos(\widehat{A}) \Longrightarrow \\ \cos(\widehat{A}) &= \frac{\cos(a) - \cos(b).\cos(c)}{\operatorname{sen}(b).\operatorname{sen}(c)}. \end{aligned} \tag{2.35}$$

Somando 1 a ambos os membros da Equação (2.35).

$$1 + \cos(\widehat{A}) = 1 + \left(\frac{\cos(a) - \cos(b).\cos(c)}{\operatorname{sen}(b).\operatorname{sen}(c)}\right). \tag{2.36}$$

Desenvolvendo a Equação (2.36) tem-se que:

$$\begin{aligned} 1 + \cos(\widehat{A}) &= \frac{\operatorname{sen}(b).\operatorname{sen}(c) + \cos(a) - \cos(b).\cos(c)}{\operatorname{sen}(b).\operatorname{sen}(c)} \Longrightarrow \\ 1 + \cos(\widehat{A}) &= \frac{\cos(a) - (\cos(b).\cos(c) - \operatorname{sen}(b).\operatorname{sen}(c))}{\operatorname{sen}(b).\operatorname{sen}(c)}. \end{aligned}$$

E pela Relação (A.1) do Apêndice A:

$$1 + \cos(\widehat{A}) = \frac{\cos(a) - \cos(b+c)}{\operatorname{sen}(b).\operatorname{sen}(c)}. \tag{2.37}$$

Aplicando a Relação (A.5) do Apêndice A na Equação (2.37), tem-se:

$$2\cos^2(\tfrac{\widehat{A}}{2}) = \frac{\cos(a) - \cos(b+c)}{\operatorname{sen}(b).\operatorname{sen}(c)}. \tag{2.38}$$

Agora, aplicando a Relação (A.9) do Apêndice A na Equação (2.38):

$$2\cos^2(\tfrac{\widehat{A}}{2}) = \frac{-2\operatorname{sen}(\frac{a+b+c}{2}).\operatorname{sen}(\frac{a-b-c}{2})}{\operatorname{sen}(b).\operatorname{sen}(c)}. \tag{2.39}$$

Aplicando a Relação (A.12) do Apêndice A, tem-se:

$$2\cos^2(\tfrac{\widehat{A}}{2}) = \frac{-2\operatorname{sen}(\frac{a+b+c}{2}).(-\operatorname{sen}(\frac{b+c-a}{2}))}{\operatorname{sen}(b).\operatorname{sen}(c)} = \frac{2\operatorname{sen}(\frac{a+b+c}{2}).\operatorname{sen}(\frac{b+c-a}{2})}{\operatorname{sen}(b).\operatorname{sen}(c)}. \tag{2.40}$$

Por outro lado, subtraindo a Equação (2.35) de 1 e rearranjando convenientemente, tem-se que:

$$1-\cos(\widehat{A}) = 1-\left(\frac{\cos(a)-\cos(b).\cos(c)}{\operatorname{sen}(b).\operatorname{sen}(c)}\right). \tag{2.41}$$

Desenvolvendo a Equação (2.41) tem-se:

$$1-\cos(\widehat{A}) = \frac{\operatorname{sen}(b).\operatorname{sen}(c)-\cos(a)+\cos(b).\cos(c)}{\operatorname{sen}(b).\operatorname{sen}(c)} \Longrightarrow$$

$$1-\cos(\widehat{A}) = \frac{-\cos(a)+(\operatorname{sen}(b).\operatorname{sen}(c)+\cos(b).\cos(c))}{\operatorname{sen}(b).\operatorname{sen}(c)}.$$

E pela Relação (A.1) do Apêndice A:

$$1-\cos(\widehat{A}) = \frac{-\cos(a)+\cos(b-c)}{\operatorname{sen}(b).\operatorname{sen}(c)}. \tag{2.42}$$

Aplicando a Relação (A.4) do Apêndice A na Equação (2.42), tem-se:

$$2\operatorname{sen}^2(\tfrac{\widehat{A}}{2}) = \frac{\cos(b-c)-\cos(a)}{\operatorname{sen}(b).\operatorname{sen}(c)}. \tag{2.43}$$

Aplicando as Relações (A.9) e (A.12) do Apêndice A na Equação (2.43), tem-se que:

$$2\operatorname{sen}^2(\tfrac{\widehat{A}}{2}) = \frac{-2\operatorname{sen}(\frac{a+b-c}{2}).(-\operatorname{sen}(\frac{a+c-b}{2}))}{\operatorname{sen}(b).\operatorname{sen}(c)} = \frac{2\operatorname{sen}(\frac{a+b-c}{2}).\operatorname{sen}(\frac{a+c-b}{2})}{\operatorname{sen}(b).\operatorname{sen}(c)}. \tag{2.44}$$

Sendo assim, das Equações (2.40) e (2.44), se deduz:

$$\operatorname{tg}^2(\tfrac{\widehat{A}}{2}) = \frac{\operatorname{sen}(\frac{b+a-c}{2}).\operatorname{sen}(\frac{a+c-b}{2})}{\operatorname{sen}(\frac{a+b+c}{2}).\operatorname{sen}(\frac{b+c-a}{2})}. \tag{2.45}$$

Sendo s a metade do perímetro do triângulo, tem-se:

$$a+b+c=2s \Longrightarrow -a+a+a+b+c=2s \Longrightarrow b+c-a=2s-2a=2(s-a).$$

Isto implica,

$$\frac{1}{2}(b+c-a) = s-a.$$

Da mesma forma, tem-se:

$$a+b+c = 2s \implies a-b+b+b+c = 2s \implies a-b+c = 2s-2b = 2(s-b).$$

Isto implica,

$$\frac{1}{2}(a-b+c) = s-b.$$

De modo análogo, tem-se:

$$a+b+c = 2s \implies a+b+c+c-c = 2s \implies b+a-c = 2s-2c = 2(s-c).$$

Isto implica,

$$\frac{1}{2}(b+a-c) = s-c.$$

Substituindo as considerações acima na Equação (2.45), obtém-se:

$$\operatorname{tg}^2(\tfrac{\widehat{A}}{2}) = \frac{\operatorname{sen}(s-b).\operatorname{sen}(s-c)}{\operatorname{sen}(s).\operatorname{sen}(s-a)}. \tag{2.46}$$

E isto prova uma das fórmulas propostas. Analogamente se demonstra:

$$\operatorname{tg}^2(\tfrac{\widehat{B}}{2}) = \frac{\operatorname{sen}(s-a).\operatorname{sen}(s-c)}{\operatorname{sen}(s).\operatorname{sen}(s-b)}$$

e

$$\operatorname{tg}^2(\tfrac{\widehat{C}}{2}) = \frac{\operatorname{sen}(s-a).\operatorname{sen}(s-b)}{\operatorname{sen}(s).\operatorname{sen}(s-c)}$$

□

O Teorema 2.10 fornece as Fórmulas dos Marinheiros, que recebem esse nome por serem utilizadas na determinação da hora no mar.

2.4.1.2 2º Caso de Resolução de Triângulos Obliquângulos

Caso: Dados os 3 ângulos $\widehat{A}$, $\widehat{B}$, $\widehat{C}$, calcular os 3 lados a, b, c.
Abordagem: Usar o Teorema 2.11.

Teorema 2.11. *(Fórmulas Adicionais dos Marinheiros) - Considere um triângulo esférico de vértices A, B e C, com ângulos internos medindo $\widehat{A}$, $\widehat{B}$ e $\widehat{C}$ e cujos lados opostos medem a, b e c, respectivamente. Considerando S a metade da soma dos ângulos internos do triângulo, são verdadeiras:*

$$tg^2(\tfrac{a}{2}) = -\frac{\cos(S).\cos(S-\widehat{A})}{\cos(S-\widehat{B}).\cos(S-\widehat{C})},$$

$$tg^2(\tfrac{b}{2}) = -\frac{\cos(S).\cos(S-\widehat{B})}{\cos(S-\widehat{A}).\cos(S-\widehat{C})},$$

$$tg^2(\tfrac{c}{2}) = -\frac{\cos(S).\cos(S-\widehat{C})}{\cos(S-\widehat{A}).\cos(S-\widehat{B})}.$$

Demonstração. Considere o Teorema 2.10 aplicado no triângulo polar A'B'C' do triângulo ABC:

$$\mathrm{tg}^2(\tfrac{\widehat{A'}}{2}) = \frac{\mathrm{sen}(\frac{b'+a'-c'}{2}).\,\mathrm{sen}(\frac{a'+c'-b'}{2})}{\mathrm{sen}(\frac{a'+b'+c'}{2}).\,\mathrm{sen}(\frac{b'+c'-a'}{2})}. \tag{2.47}$$

Do Teorema 1.24 pode-se dizer:

$$a' = 180^\circ - \widehat{A},$$

$$b' = 180^\circ - \widehat{B},$$

$$c' = 180^\circ - \widehat{C},$$

$$\widehat{A'} = 180^\circ - a,$$

$$\widehat{B'} = 180^\circ - b,$$

$$\widehat{C'} = 180^\circ - c.$$

Substituindo as considerações anteriores na Equação (2.47):

$$\begin{aligned}
\mathrm{tg}^2(\tfrac{180^\circ-a}{2}) &= \frac{\mathrm{sen}(\frac{180^\circ-\widehat{A}+180^\circ-\widehat{B}-(180^\circ-\widehat{C})}{2}).\,\mathrm{sen}(\frac{180^\circ-\widehat{A}+180^\circ-\widehat{C}-(180^\circ-\widehat{B})}{2})}{\mathrm{sen}(\frac{180^\circ-\widehat{A}+180^\circ-\widehat{B}+180^\circ-\widehat{C}}{2}).\,\mathrm{sen}(\frac{180^\circ-\widehat{B}+180^\circ-\widehat{C}-(180^\circ-\widehat{A})}{2})}\\
\mathrm{tg}^2(90^\circ-\tfrac{a}{2}) &= \frac{\mathrm{sen}(90^\circ+\frac{-\widehat{A}-\widehat{B}+\widehat{C}}{2}).\,\mathrm{sen}(90^\circ+\frac{-\widehat{A}-\widehat{C}+\widehat{B}}{2})}{\mathrm{sen}(270^\circ+\frac{-\widehat{A}-\widehat{B}-\widehat{C}}{2}).\,\mathrm{sen}(90^\circ+\frac{-\widehat{B}-\widehat{C}+\widehat{A}}{2})}\\
\mathrm{tg}^2(90^\circ-\tfrac{a}{2}) &= \frac{\mathrm{sen}(90^\circ-\frac{\widehat{A}+\widehat{B}-\widehat{C}}{2}).\,\mathrm{sen}(90^\circ-\frac{\widehat{A}+\widehat{C}-\widehat{B}}{2})}{\mathrm{sen}(270^\circ-\frac{\widehat{A}+\widehat{B}+\widehat{C}}{2}).\,\mathrm{sen}(90^\circ-\frac{\widehat{B}+\widehat{C}-\widehat{A}}{2})}.
\end{aligned} \tag{2.48}$$

Pelas Relações (A.14), (A.15) e (A.22) do Apêndice A a Equação (2.48) fica:

$$\frac{1}{\mathrm{tg}^2(\frac{a}{2})} = \frac{\cos(\frac{\widehat{A}+\widehat{B}-\widehat{C}}{2}).\cos(\frac{\widehat{A}+\widehat{C}-\widehat{B}}{2})}{-\cos(\frac{\widehat{A}+\widehat{B}+\widehat{C}}{2}).\cos(\frac{\widehat{B}+\widehat{C}-\widehat{A}}{2})}.$$

Isto é,

$$\mathrm{tg}^2(\tfrac{a}{2}) = -\frac{\cos(\frac{\widehat{A}+\widehat{B}+\widehat{C}}{2}).\cos(\frac{\widehat{B}+\widehat{C}-\widehat{A}}{2})}{\cos(\frac{\widehat{A}+\widehat{B}-\widehat{C}}{2}).\cos(\frac{\widehat{A}+\widehat{C}-\widehat{B}}{2})}. \tag{2.49}$$

Fazendo $\widehat{A}+\widehat{B}+\widehat{C}=2S$, tem-se:

$$\widehat{A}+\widehat{B}+\widehat{C}=2S \implies \widehat{A}+\widehat{C}-\widehat{B}=2(S-\widehat{B}) \implies \frac{\widehat{A}+\widehat{C}-\widehat{B}}{2}=S-\widehat{B},$$

$$\widehat{A}+\widehat{B}+\widehat{C}=2S \implies \widehat{B}+\widehat{C}-\widehat{A}=2(S-\widehat{A}) \implies \frac{\widehat{B}+\widehat{C}-\widehat{A}}{2}=S-\widehat{A},$$

$$\widehat{A}+\widehat{B}+\widehat{C}=2S \implies \widehat{A}+\widehat{B}-\widehat{C}=2(S-\widehat{C}) \implies \frac{\widehat{A}+\widehat{B}-\widehat{C}}{2}=S-\widehat{C}.$$

Com as considerações anteriores, da Equação (2.49) chega-se em:

$$\mathrm{tg}^2(\tfrac{a}{2}) = -\frac{\cos(S).\cos(S-\widehat{A})}{\cos(S-\widehat{B}).\cos(S-\widehat{C})}.$$

De forma análoga é possível demonstrar as demais fórmulas. □

2.4.2 Analogias de Delambre e de Napier

As Analogias de Napier e Delambre são fórmulas de aplicação deduzidas a partir das Fórmulas de Borda.

2.4.2.1 Fórmulas de Delambre

Teorema 2.12. *(Fórmulas de Delambre) - Considere um triângulo esférico de vértices A, B e C, com ângulos internos medindo $\widehat{A}$, $\widehat{B}$ e $\widehat{C}$ e cujos lados opostos medem a, b e c, respectivamente. São verdadeiras:*

$$sen(\frac{\widehat{A}+\widehat{B}}{2}) = \frac{\cos(\frac{a-b}{2})}{\cos(\frac{c}{2})}.\cos(\frac{\widehat{C}}{2}), \tag{2.50}$$

$$sen(\frac{\widehat{A}-\widehat{B}}{2}) = \frac{sen(\frac{a-b}{2})}{sen(\frac{c}{2})}.\cos(\frac{\widehat{C}}{2}), \tag{2.51}$$

$$\cos(\frac{\widehat{A}+\widehat{B}}{2}) = \frac{\cos(\frac{a+b}{2})}{\cos(\frac{c}{2})}.\,sen(\frac{\widehat{C}}{2}), \tag{2.52}$$

$$\cos(\frac{\widehat{A}-\widehat{B}}{2}) = \frac{sen(\frac{a+b}{2})}{sen(\frac{c}{2})}.\,sen(\frac{\widehat{C}}{2}), \tag{2.53}$$

$$sen(\frac{\widehat{A}+\widehat{C}}{2}) = \frac{\cos(\frac{a-c}{2})}{\cos(\frac{b}{2})}.\cos(\frac{\widehat{B}}{2}), \tag{2.54}$$

$$sen(\frac{\widehat{A}-\widehat{C}}{2}) = \frac{sen(\frac{a-c}{2})}{sen(\frac{b}{2})}.\cos(\frac{\widehat{B}}{2}), \tag{2.55}$$

$$\cos(\frac{\widehat{A}+\widehat{C}}{2}) = \frac{\cos(\frac{a+c}{2})}{\cos(\frac{b}{2})}.\,sen(\frac{\widehat{B}}{2}), \tag{2.56}$$

$$\cos(\frac{\widehat{A}-\widehat{C}}{2}) = \frac{sen(\frac{a+c}{2})}{sen(\frac{b}{2})}.\,sen(\frac{\widehat{B}}{2}), \tag{2.57}$$

$$sen(\frac{\widehat{B}+\widehat{C}}{2}) = \frac{\cos(\frac{b-c}{2})}{\cos(\frac{a}{2})}.\cos(\frac{\widehat{A}}{2}), \tag{2.58}$$

$$sen(\frac{\widehat{B}-\widehat{C}}{2}) = \frac{sen(\frac{b-c}{2})}{sen(\frac{a}{2})}.\cos(\frac{\widehat{A}}{2}), \tag{2.59}$$

$$\cos\left(\frac{\widehat{B}+\widehat{C}}{2}\right) = \frac{\cos\left(\frac{b+c}{2}\right)}{\cos\left(\frac{a}{2}\right)}.\, sen\left(\frac{\widehat{A}}{2}\right), \tag{2.60}$$

$$\cos\left(\frac{\widehat{B}-\widehat{C}}{2}\right) = \frac{sen\left(\frac{b+c}{2}\right)}{sen\left(\frac{a}{2}\right)}.\, sen\left(\frac{\widehat{A}}{2}\right). \tag{2.61}$$

Demonstração. Primeiramente, note que para x entre $0°$ e $180°$, tem-se $\sqrt{\text{sen}^2(x)} = |\,\text{sen}(x)| = \text{sen}(x)$. Também observe que pela Equação (2.40):

$$\begin{aligned} 2\cos^2\left(\frac{\widehat{A}}{2}\right) &= \frac{2\,\text{sen}\left(\frac{a+b+c}{2}\right).\,\text{sen}\left(\frac{b+c-a}{2}\right)}{\text{sen}(b).\,\text{sen}(c)} \implies \\ \cos\left(\frac{\widehat{A}}{2}\right) &= \sqrt{\frac{\text{sen}\left(\frac{a+b+c}{2}\right).\,\text{sen}\left(\frac{b+c-a}{2}\right)}{\text{sen}(b).\,\text{sen}(c)}}. \end{aligned} \tag{2.62}$$

Considere $a+b+c=2s$. Assim:

$$\cos\left(\frac{\widehat{A}}{2}\right) = \sqrt{\frac{\text{sen}(s).\,\text{sen}(s-a)}{\text{sen}(b).\,\text{sen}(c)}}. \tag{2.63}$$

De modo análogo obtêm-se:

$$\cos\left(\frac{\widehat{B}}{2}\right) = \sqrt{\frac{\text{sen}(s).\,\text{sen}(s-b)}{\text{sen}(a).\,\text{sen}(c)}} \tag{2.64}$$

$$\cos\left(\frac{\widehat{C}}{2}\right) = \sqrt{\frac{\text{sen}(s).\,\text{sen}(s-c)}{\text{sen}(a).\,\text{sen}(b)}}. \tag{2.65}$$

Por outro lado, pela Equação (2.44), tem-se também que:

$$\begin{aligned} 2\,\text{sen}^2\left(\frac{\widehat{A}}{2}\right) &= \frac{2\,\text{sen}\left(\frac{a+b-c}{2}\right).\,\text{sen}\left(\frac{a+c-b}{2}\right)}{\text{sen}(b).\,\text{sen}(c)} \implies \\ \text{sen}\left(\frac{\widehat{A}}{2}\right) &= \sqrt{\frac{\text{sen}\left(\frac{a+b-c}{2}\right).\,\text{sen}\left(\frac{a+c-b}{2}\right)}{\text{sen}(b).\,\text{sen}(c)}}. \end{aligned} \tag{2.66}$$

Considerando $a+b+c=2s$, então

$$\text{sen}\left(\frac{\widehat{A}}{2}\right) = \sqrt{\frac{\text{sen}(s-b).\,\text{sen}(s-c)}{\text{sen}(b).\,\text{sen}(c)}}. \tag{2.67}$$

De modo análogo obtém-se:

$$\operatorname{sen}(\tfrac{\widehat{B}}{2}) = \sqrt{\frac{\operatorname{sen}(s-a).\operatorname{sen}(s-c)}{\operatorname{sen}(a).\operatorname{sen}(c)}} \tag{2.68}$$

$$\operatorname{sen}(\tfrac{\widehat{C}}{2}) = \sqrt{\frac{\operatorname{sen}(s-a).\operatorname{sen}(s-b)}{\operatorname{sen}(a).\operatorname{sen}(b)}}. \tag{2.69}$$

Segue demonstração da Equação (2.50):
Pela Relação (A.2) do Apêndice A, tem-se:

$$\operatorname{sen}(\tfrac{\widehat{A}+\widehat{B}}{2}) = \operatorname{sen}(\tfrac{\widehat{A}}{2}).\cos(\tfrac{\widehat{B}}{2}) + \operatorname{sen}(\tfrac{\widehat{B}}{2}).\cos(\tfrac{\widehat{A}}{2}). \tag{2.70}$$

Substituindo as Equações (2.63), (2.64), (2.67) e (2.68) na Equação (2.70), segue que:

$$\begin{aligned}\operatorname{sen}(\tfrac{\widehat{A}+\widehat{B}}{2}) &= \sqrt{\frac{\operatorname{sen}^2(s-b).\operatorname{sen}(s-c).\operatorname{sen}(s)}{\operatorname{sen}^2(c).\operatorname{sen}(a).\operatorname{sen}(b)}} \\ &\quad + \sqrt{\frac{\operatorname{sen}^2(s-a).\operatorname{sen}(s-c).\operatorname{sen}(s)}{\operatorname{sen}^2(c).\operatorname{sen}(a).\operatorname{sen}(b)}} \\ &= \sqrt{\frac{\operatorname{sen}(s).\operatorname{sen}(s-c)}{\operatorname{sen}(a).\operatorname{sen}(b)}}.\frac{\operatorname{sen}(s-b)}{\operatorname{sen}(c)} \\ &\quad + \sqrt{\frac{\operatorname{sen}(s).\operatorname{sen}(s-c)}{\operatorname{sen}(a).\operatorname{sen}(b)}}.\frac{\operatorname{sen}(s-a)}{\operatorname{sen}(c)}.\end{aligned}$$

Evidenciando o radical, tem-se:

$$\operatorname{sen}(\tfrac{\widehat{A}+\widehat{B}}{2}) = \frac{\operatorname{sen}(s-a)+\operatorname{sen}(s-b)}{\operatorname{sen}(c)}.\sqrt{\frac{\operatorname{sen}(s).\operatorname{sen}(s-c)}{\operatorname{sen}(a).\operatorname{sen}(b)}}. \tag{2.71}$$

Observando que o radical aparece na Equação (2.65), tem-se:

$$\operatorname{sen}(\tfrac{\widehat{A}+\widehat{B}}{2}) = \frac{\operatorname{sen}(s-a)+\operatorname{sen}(s-b)}{\operatorname{sen}(c)}.\cos(\tfrac{\widehat{C}}{2}). \tag{2.72}$$

Como $a+b+c=2s \implies c=2s-a-b$ e pelas Relações (A.6) e (A.11) do Apêndice A, tem-se:

$$\text{sen}(\tfrac{\widehat{A}+\widehat{B}}{2}) = \frac{2\,\text{sen}(\frac{c}{2}).\cos(\frac{a-b}{2})}{\text{sen}(c)}.\cos(\tfrac{\widehat{C}}{2}). \tag{2.73}$$

Note que, usando a Relação (A.25) do Apêndice A, tem-se:

$$2\,\text{sen}(\tfrac{c}{2}).\cos(\tfrac{c}{2}) = \text{sen}(2.\tfrac{c}{2}) = \text{sen}(c). \tag{2.74}$$

Isto é $\text{sen}(c) = 2\,\text{sen}(\frac{c}{2}).\cos(\frac{c}{2})$. Substituindo na Equação (2.73), se obtém:

$$\text{sen}(\tfrac{\widehat{A}+\widehat{B}}{2}) = \frac{2\,\text{sen}(\frac{c}{2}).\cos(\frac{a-b}{2})}{2\,\text{sen}(\frac{c}{2}).\cos(\frac{c}{2})}.\cos(\tfrac{\widehat{C}}{2}) = \frac{\cos(\frac{a-b}{2})}{\cos(\frac{c}{2})}.\cos(\tfrac{\widehat{C}}{2}).$$

Ou seja:

$$\text{sen}(\tfrac{\widehat{A}+\widehat{B}}{2}) = \frac{\cos(\frac{a-b}{2})}{\cos(\frac{c}{2})}.\cos(\tfrac{\widehat{C}}{2}). \tag{2.75}$$

Logo, está provada a Equação (2.50). Analogamente, se prova as Equações (2.54) e (2.58).

Segue demonstração da Equação (2.51):

Partindo da Relação (A.2) do Apêndice A, tem-se:

$$\text{sen}(\tfrac{\widehat{A}-\widehat{B}}{2}) = \text{sen}(\tfrac{\widehat{A}}{2}).\cos(\tfrac{\widehat{B}}{2}) - \text{sen}(\tfrac{\widehat{B}}{2}).\cos(\tfrac{\widehat{A}}{2}). \tag{2.76}$$

Substituindo as Equações (2.63), (2.64), (2.67) e (2.68) na Equação (2.76), tem-se:

$$\begin{aligned}\text{sen}(\tfrac{\widehat{A}-\widehat{B}}{2}) &= \sqrt{\frac{\text{sen}^2(s-b).\,\text{sen}(s-c).\,\text{sen}(s)}{\text{sen}^2(c).\,\text{sen}(a).\,\text{sen}(b)}} \\ &\qquad - \sqrt{\frac{\text{sen}^2(s-a).\,\text{sen}(s-c).\,\text{sen}(s)}{\text{sen}^2(c).\,\text{sen}(a).\,\text{sen}(b)}} \\ &= \sqrt{\frac{\text{sen}(s).\,\text{sen}(s-c)}{\text{sen}(a).\,\text{sen}(b)}}.\frac{\text{sen}(s-b)}{\text{sen}(c)} \\ &\qquad - \sqrt{\frac{\text{sen}(s).\,\text{sen}(s-c)}{\text{sen}(a).\,\text{sen}(b)}}.\frac{\text{sen}(s-a)}{\text{sen}(c)}.\end{aligned}$$

Evidenciando o radical, tem-se:

$$\operatorname{sen}(\tfrac{\widehat{A}-\widehat{B}}{2}) = \frac{\operatorname{sen}(s-b) - \operatorname{sen}(s-a)}{\operatorname{sen}(c)} . \sqrt{\frac{\operatorname{sen}(s) . \operatorname{sen}(s-c)}{\operatorname{sen}(a) . \operatorname{sen}(b)}} . \tag{2.77}$$

Observando que o radical aparece na Equação (2.65), tem-se:

$$\operatorname{sen}(\tfrac{\widehat{A}-\widehat{B}}{2}) = \frac{\operatorname{sen}(s-b) - \operatorname{sen}(s-a)}{\operatorname{sen}(c)} . \cos(\tfrac{\widehat{C}}{2}). \tag{2.78}$$

Como $a+b+c=2s \implies c=2s-a-b$ e pela Relação (A.7) do Apêndice A, tem-se:

$$\operatorname{sen}(\tfrac{\widehat{A}-\widehat{B}}{2}) = \frac{2\cos(\frac{c}{2}) . \operatorname{sen}(\frac{a-b}{2})}{\operatorname{sen}(c)} . \cos(\tfrac{\widehat{C}}{2}). \tag{2.79}$$

Substituindo a Equação (2.74) na Equação (2.79):

$$\operatorname{sen}(\tfrac{\widehat{A}-\widehat{B}}{2}) = \frac{2\cos(\frac{c}{2}) . \operatorname{sen}(\frac{a-b}{2})}{2\operatorname{sen}(\frac{c}{2}) . \cos(\frac{c}{2})} . \cos(\tfrac{\widehat{C}}{2}) \implies \operatorname{sen}(\tfrac{\widehat{A}-\widehat{B}}{2}) = \frac{\operatorname{sen}(\frac{a-b}{2})}{\operatorname{sen}(\frac{c}{2})} . \cos(\tfrac{\widehat{C}}{2}).$$

Logo, está provada a Equação (2.51). Analogamente, se prova as Equações (2.55) e (2.59).

Segue demonstração da Equação (2.52):

Partindo da Relação (A.1) do Apêndice A, tem-se:

$$\cos(\tfrac{\widehat{A}+\widehat{B}}{2}) = \cos(\tfrac{\widehat{A}}{2}) . \cos(\tfrac{\widehat{B}}{2}) - \operatorname{sen}(\tfrac{\widehat{A}}{2}) . \operatorname{sen}(\tfrac{\widehat{B}}{2}). \tag{2.80}$$

Substituindo as Equações (2.63), (2.64), (2.67) e (2.68) na Equação (2.84), tem-se:

$$\begin{aligned}\cos(\tfrac{\widehat{A}+\widehat{B}}{2}) &= \sqrt{\frac{\operatorname{sen}^2(s) . \operatorname{sen}(s-a) . \operatorname{sen}(s-b)}{\operatorname{sen}^2(c) . \operatorname{sen}(a) . \operatorname{sen}(b)}} \\ &\quad - \sqrt{\frac{\operatorname{sen}^2(s-c) . \operatorname{sen}(s-a) . \operatorname{sen}(s-b)}{\operatorname{sen}^2(c) . \operatorname{sen}(a) . \operatorname{sen}(b)}} \\ &= \sqrt{\frac{\operatorname{sen}(s-a) . \operatorname{sen}(s-b)}{\operatorname{sen}(a) . \operatorname{sen}(b)}} . \frac{\operatorname{sen}(s)}{\operatorname{sen}(c)} \\ &\quad - \sqrt{\frac{\operatorname{sen}(s-a) . \operatorname{sen}(s-b)}{\operatorname{sen}(a) . \operatorname{sen}(b)}} . \frac{\operatorname{sen}(s-c)}{\operatorname{sen}(c)} .\end{aligned}$$

Evidenciando o radical, tem-se:

$$\cos\left(\frac{\widehat{A}+\widehat{B}}{2}\right) = \frac{\text{sen}(s) - \text{sen}(s-c)}{\text{sen}(c)}.\sqrt{\frac{\text{sen}(s-a).\,\text{sen}(s-b)}{\text{sen}(a).\,\text{sen}(b)}}. \tag{2.81}$$

Observando que o radical aparece na Equação (2.69), tem-se:

$$\cos\left(\frac{\widehat{A}+\widehat{B}}{2}\right) = \frac{\text{sen}(s) - \text{sen}(s-c)}{\text{sen}(c)}.\,\text{sen}\left(\frac{\widehat{C}}{2}\right). \tag{2.82}$$

Como $a+b+c=2s \Longrightarrow 2s-c=a+b$ e pela Relação (A.7) do Apêndice A, tem-se:

$$\cos\left(\frac{\widehat{A}+\widehat{B}}{2}\right) = \frac{2\cos\left(\frac{a+b}{2}\right).\,\text{sen}\left(\frac{c}{2}\right)}{\text{sen}(c)}.\,\text{sen}\left(\frac{\widehat{C}}{2}\right). \tag{2.83}$$

Substituindo a Equação (2.74) na Equação (2.83):

$$\cos\left(\frac{\widehat{A}+\widehat{B}}{2}\right) = \frac{2\cos\left(\frac{a+b}{2}\right).\,\text{sen}\left(\frac{c}{2}\right)}{2\,\text{sen}\left(\frac{c}{2}\right).\cos\left(\frac{c}{2}\right)}.\,\text{sen}\left(\frac{\widehat{C}}{2}\right) \Longrightarrow \cos\left(\frac{\widehat{A}+\widehat{B}}{2}\right) = \frac{\cos\left(\frac{a+b}{2}\right)}{\cos\left(\frac{c}{2}\right)}.\,\text{sen}\left(\frac{\widehat{C}}{2}\right).$$

Logo, está provada a Equação (2.52). Analogamente, se prova as Equações (2.56) e (2.60).
Segue demonstração da Equação (2.53):
Partindo da Relação (A.1) do Apêndice A, tem-se:

$$\cos\left(\frac{\widehat{A}-\widehat{B}}{2}\right) = \cos\left(\frac{\widehat{A}}{2}\right).\cos\left(\frac{\widehat{B}}{2}\right) + \text{sen}\left(\frac{\widehat{A}}{2}\right).\,\text{sen}\left(\frac{\widehat{B}}{2}\right). \tag{2.84}$$

Substituindo as Equações (2.63), (2.64), (2.67) e (2.68) na Equação (2.84), tem-se:

$$\begin{aligned}\cos\left(\frac{\widehat{A}+\widehat{B}}{2}\right) &= \sqrt{\frac{\text{sen}^2(s).\,\text{sen}(s-a).\,\text{sen}(s-b)}{\text{sen}^2(c).\,\text{sen}(a).\,\text{sen}(b)}} \\ &\quad + \sqrt{\frac{\text{sen}^2(s-c).\,\text{sen}(s-a).\,\text{sen}(s-b)}{\text{sen}^2(c).\,\text{sen}(a).\,\text{sen}(b)}} \\ &= \sqrt{\frac{\text{sen}(s-a).\,\text{sen}(s-b)}{\text{sen}(a).\,\text{sen}(b)}}.\frac{\text{sen}(s)}{\text{sen}(c)} \\ &\quad + \sqrt{\frac{\text{sen}(s-a).\,\text{sen}(s-b)}{\text{sen}(a).\,\text{sen}(b)}}.\frac{\text{sen}(s-c)}{\text{sen}(c)}.\end{aligned}$$

Evidenciando o radical, tem-se:

$$\cos\left(\frac{\widehat{A}-\widehat{B}}{2}\right) = \frac{\operatorname{sen}(s) + \operatorname{sen}(s-c)}{\operatorname{sen}(c)}.\sqrt{\frac{\operatorname{sen}(s-a).\operatorname{sen}(s-b)}{\operatorname{sen}(a).\operatorname{sen}(b)}}. \tag{2.85}$$

Observando que o radical aparece na Equação (2.69), tem-se:

$$\cos\left(\frac{\widehat{A}-\widehat{B}}{2}\right) = \frac{\operatorname{sen}(s) + \operatorname{sen}(s-c)}{\operatorname{sen}(c)}.\operatorname{sen}\left(\frac{\widehat{C}}{2}\right). \tag{2.86}$$

Como $a+b+c=2s \implies 2s-c=a+b$ e pela Relação (A.6) do Apêndice A, tem-se:

$$\cos\left(\frac{\widehat{A}-\widehat{B}}{2}\right) = \frac{2\operatorname{sen}\left(\frac{a+b}{2}\right).\cos\left(\frac{c}{2}\right)}{\operatorname{sen}(c)}.\operatorname{sen}\left(\frac{\widehat{C}}{2}\right). \tag{2.87}$$

Substituindo a Equação (2.74) na Equação (2.87):

$$\cos\left(\frac{\widehat{A}-\widehat{B}}{2}\right) = \frac{2\operatorname{sen}\left(\frac{a+b}{2}\right).\cos\left(\frac{c}{2}\right)}{2\operatorname{sen}\left(\frac{c}{2}\right).\cos\left(\frac{c}{2}\right)}.\operatorname{sen}\left(\frac{\widehat{C}}{2}\right) \implies \cos\left(\frac{\widehat{A}-\widehat{B}}{2}\right) = \frac{\operatorname{sen}\left(\frac{a+b}{2}\right)}{\operatorname{sen}\left(\frac{c}{2}\right)}.\operatorname{sen}\left(\frac{\widehat{C}}{2}\right).$$

Logo, está provada a Equação (2.53). Analogamente, se prova as Equações (2.57) e (2.61). □

Partindo das Fórmulas de Delambre, pode-se deduzir as Fórmulas de Napier.

2.4.2.2 Fórmulas de Napier

Teorema 2.13. *(Fórmulas de Napier) - Considere um triângulo esférico de vértices A, B e C, com ângulos internos medindo $\widehat{A}$, $\widehat{B}$ e $\widehat{C}$ e cujos lados opostos medem a, b e c, respectivamente. São verdadeiras:*

$$tg\left(\frac{\widehat{A}+\widehat{B}}{2}\right) = \frac{\cos\left(\frac{a-b}{2}\right)}{\cos\left(\frac{a+b}{2}\right)}.\cot\left(\frac{\widehat{C}}{2}\right), \tag{2.88}$$

$$tg\left(\frac{\widehat{A}-\widehat{B}}{2}\right) = \frac{sen\left(\frac{a-b}{2}\right)}{sen\left(\frac{a+b}{2}\right)}.\cot\left(\frac{\widehat{C}}{2}\right), \tag{2.89}$$

$$tg\left(\frac{a+b}{2}\right) = \frac{\cos\left(\frac{\widehat{A}-\widehat{B}}{2}\right)}{\cos\left(\frac{\widehat{A}+\widehat{B}}{2}\right)}.\,tg\left(\frac{c}{2}\right), \tag{2.90}$$

$$tg(\tfrac{a-b}{2}) = \frac{sen(\frac{\widehat{A}-\widehat{B}}{2})}{sen(\frac{\widehat{A}+\widehat{B}}{2})}.\, tg(\tfrac{c}{2}), \tag{2.91}$$

$$tg(\tfrac{\widehat{A}+\widehat{C}}{2}) = \frac{\cos(\frac{a-c}{2})}{\cos(\frac{a+c}{2})}.\cot(\tfrac{\widehat{B}}{2}), \tag{2.92}$$

$$tg(\tfrac{\widehat{A}-\widehat{C}}{2}) = \frac{sen(\frac{a-c}{2})}{sen(\frac{a+c}{2})}.\cot(\tfrac{\widehat{B}}{2}), \tag{2.93}$$

$$tg(\tfrac{a+c}{2}) = \frac{\cos(\frac{\widehat{A}-\widehat{C}}{2})}{\cos(\frac{\widehat{A}+\widehat{C}}{2})}.\, tg(\tfrac{b}{2}), \tag{2.94}$$

$$tg(\tfrac{a-c}{2}) = \frac{sen(\frac{\widehat{A}-\widehat{C}}{2})}{sen(\frac{\widehat{A}+\widehat{C}}{2})}.\, tg(\tfrac{b}{2}), \tag{2.95}$$

$$tg(\tfrac{\widehat{B}+\widehat{C}}{2}) = \frac{\cos(\frac{b-c}{2})}{\cos(\frac{b+c}{2})}.\cot(\tfrac{\widehat{A}}{2}), \tag{2.96}$$

$$tg(\tfrac{\widehat{B}-\widehat{C}}{2}) = \frac{sen(\frac{b-c}{2})}{sen(\frac{b+c}{2})}.\cot(\tfrac{\widehat{A}}{2}), \tag{2.97}$$

$$tg(\tfrac{b+c}{2}) = \frac{\cos(\frac{\widehat{B}-\widehat{C}}{2})}{\cos(\frac{\widehat{B}+\widehat{C}}{2})}.\, tg(\tfrac{a}{2}), \tag{2.98}$$

$$tg(\tfrac{b-c}{2}) = \frac{sen(\frac{\widehat{B}-\widehat{C}}{2})}{sen(\frac{\widehat{B}+\widehat{C}}{2})}.\, tg(\tfrac{a}{2}). \tag{2.99}$$

Demonstração. As Fórmulas de Napier são obtidas através das Fórmulas de Delambre, da seguinte forma: Dividindo a Equação (2.50) pela Equação (2.52), tem-se:

$$\frac{\operatorname{sen}(\frac{\widehat{A}+\widehat{B}}{2})}{\cos(\frac{\widehat{A}+\widehat{B}}{2})} = \frac{\frac{\cos(\frac{a-b}{2})}{\cos(\frac{c}{2})}}{\frac{\cos(\frac{a+b}{2})}{\cos(\frac{c}{2})}}.\frac{\cos(\frac{\widehat{C}}{2})}{\operatorname{sen}(\frac{\widehat{C}}{2})}.$$

Isto é:

$$\operatorname{tg}(\tfrac{\widehat{A}+\widehat{B}}{2}) = \frac{\cos(\frac{a-b}{2})}{\cos(\frac{a+b}{2})}.\cot(\tfrac{\widehat{C}}{2}).$$

Logo, está provada a Equação (2.88). Analogamente, se prova as Equações (2.92) e (2.96).

Dividindo a Equação (2.51) pela Equação (2.53), tem-se

$$\frac{\operatorname{sen}(\frac{\widehat{A}-\widehat{B}}{2})}{\cos(\frac{\widehat{A}-\widehat{B}}{2})}=\frac{\frac{\operatorname{sen}(\frac{a-b}{2})}{\operatorname{sen}(\frac{c}{2})}}{\frac{\operatorname{sen}(\frac{a+b}{2})}{\operatorname{sen}(\frac{c}{2})}}.\frac{\cos(\frac{\widehat{C}}{2})}{\operatorname{sen}(\frac{\widehat{C}}{2})}.$$

Isto é:

$$\operatorname{tg}(\tfrac{\widehat{A}-\widehat{B}}{2})=\frac{\operatorname{sen}(\frac{a-b}{2})}{\operatorname{sen}(\frac{a+b}{2})}.\cot(\tfrac{\widehat{C}}{2}).$$

Logo, está provada a Equação (2.89). Analogamente, se prova as Equações (2.93) e (2.97).

Dividindo a Equação (2.53) pela Equação (2.52), tem-se:

$$\frac{\cos(\frac{\widehat{A}-\widehat{B}}{2})}{\cos(\frac{\widehat{A}+\widehat{B}}{2})}=\frac{\frac{\operatorname{sen}(\frac{a+b}{2})}{\operatorname{sen}(\frac{c}{2})}}{\frac{\cos(\frac{a+b}{2})}{\cos(\frac{c}{2})}}.\frac{\operatorname{sen}(\frac{\widehat{C}}{2})}{\operatorname{sen}(\frac{\widehat{C}}{2})}\Longrightarrow\frac{\cos(\frac{\widehat{A}-\widehat{B}}{2})}{\cos(\frac{\widehat{A}+\widehat{B}}{2})}=\operatorname{tg}(\tfrac{a+b}{2}).\frac{\cos(\frac{c}{2})}{\operatorname{sen}(\frac{c}{2})}.$$

Isto é:

$$\operatorname{tg}(\tfrac{a+b}{2})=\frac{\cos(\frac{\widehat{A}-\widehat{B}}{2})}{\cos(\frac{\widehat{A}+\widehat{B}}{2})}.\operatorname{tg}(\tfrac{c}{2}).$$

Logo, está demonstrada a Equação (2.90). Analogamente, se prova as Equações (2.94) e (2.98).

Dividindo a Equação (2.51) pela Equação (2.50), tem-se:

$$\frac{\operatorname{sen}(\frac{\widehat{A}-\widehat{B}}{2})}{\operatorname{sen}(\frac{\widehat{A}+\widehat{B}}{2})}=\frac{\frac{\operatorname{sen}(\frac{a-b}{2})}{\operatorname{sen}(\frac{c}{2})}}{\frac{\cos(\frac{a-b}{2})}{\cos(\frac{c}{2})}}.\frac{\cos(\frac{\widehat{C}}{2})}{\cos(\frac{\widehat{C}}{2})}\Longrightarrow\frac{\operatorname{sen}(\frac{\widehat{A}-\widehat{B}}{2})}{\operatorname{sen}(\frac{\widehat{A}+\widehat{B}}{2})}=\operatorname{tg}(\tfrac{a-b}{2}).\frac{\cos(\frac{c}{2})}{\operatorname{sen}(\frac{c}{2})}.$$

Isto é:

$$\operatorname{tg}(\tfrac{a-b}{2})=\frac{\operatorname{sen}(\frac{\widehat{A}-\widehat{B}}{2})}{\operatorname{sen}(\frac{\widehat{A}+\widehat{B}}{2})}.\operatorname{tg}(\tfrac{c}{2}).$$

Logo, está provada a Equação (2.91). Analogamente, se prova as Equações (2.95) e (2.99). □

Observação 2.14. *Considere que X representa qualquer elemento de um triângulo esférico (ângulo ou lado). Nas seguintes seções, serão apresentadas situações que envolvem sen(X) no processo de resolução de triângulos esféricos obliquângulos. O seno não é unicamente determinado entre $0°$ e $180°$, portanto:*

- *Se no processo se chegar em sen$(X) < 1$, a solução é possível e pode haver então duas, uma ou nenhuma solução, conforme os ângulos e lados obtidos satisfizerem ou não as relações que devem existir entre ângulos e lados. É necessário que ao maior ângulo corresponda o maior lado. Isto é uma consequência da Lei dos Senos. Além do mais, os Teoremas 1.18 e 1.25 devem ser satisfeitos. Portanto os valores de X que não satisfizerem a essas condições, devem ser rejeitados.*

- *Se sen$(X) > 1$, o problema não admite solução alguma.*

- *Se sen$(X) = 1$, então $X = 90°$.*

Com os resultados das Analogias de Delambre, Napier e a Observação 2.14, pode-se discutir os demais casos das resoluções dos Triângulos Obliquângulos.

2.4.2.3 3º Caso de Resolução de Triângulos Obliquângulos

Caso: Dados 2 lados a e b e o ângulo compreendido entre eles $\widehat{C}$. Calcular c, $\widehat{A}$ e $\widehat{B}$.

Abordagem: As Analogias de Napier dadas pelas Equações (2.88) e (2.89), permitem calcular $\frac{\widehat{A}+\widehat{B}}{2}$ e $\frac{\widehat{A}-\widehat{B}}{2}$, de onde se deduz $\widehat{A}$ e $\widehat{B}$. Conhecidos os ângulos $\widehat{A}$, $\widehat{B}$ e $\widehat{C}$ e os lados a e b, se calcula o valor de c pela Lei dos Senos (Teorema 2.2):

$$\operatorname{sen}(c) = \frac{\operatorname{sen}(a).\operatorname{sen}(\widehat{C})}{\operatorname{sen}(\widehat{A})}$$

ou

$$\operatorname{sen}(c) = \frac{\operatorname{sen}(b).\operatorname{sen}(\widehat{C})}{\operatorname{sen}(\widehat{B})}.$$

Para solucionar, considere a Observação 2.14. Assim, está resolvido o terceiro caso.

2.4.2.4 4º Caso de Resolução de Triângulos Obliquângulos

Caso: Dados 2 ângulos $\widehat{A}$ e $\widehat{B}$ e o lado c adjacente a eles. Calcular os lados a e b e o ângulo $\widehat{C}$.

Abordagem: As Analogias de Napier dadas pelas Equações (2.90) e (2.91), permitem calcular $\frac{a+b}{2}$ e $\frac{a-b}{2}$, de onde se deduz a e b. Conhecidos os ângulos $\widehat{A}$ e $\widehat{B}$, os lados a, b e c, se calcula pela Lei dos Senos (Teorema 2.2) o ângulo $\widehat{C}$:

$$\operatorname{sen}(\widehat{C}) = \frac{\operatorname{sen}(\widehat{A})\operatorname{sen}(c)}{\operatorname{sen}(a)}$$

ou

$$\operatorname{sen}(\widehat{C}) = \frac{\operatorname{sen}(\widehat{B})\operatorname{sen}(c)}{\operatorname{sen}(b)}.$$

Para solucionar, considere a Observação 2.14. Assim, está resolvido o quarto caso.

2.4.2.5 5º Caso de Resolução de Triângulos Obliquângulos

Caso: Dados 2 lados a e b e o ângulo $\widehat{A}$ oposto a um deles. Calcular o lado c e os ângulos $\widehat{B}$ e $\widehat{C}$.

Abordagem: Conhecidos o ângulo $\widehat{A}$, os lados a e b, se calcula pela Lei dos Senos (Teorema 2.2) o ângulo $\widehat{B}$:

$$\operatorname{sen}(\widehat{B}) = \frac{\operatorname{sen}(b).\operatorname{sen}(\widehat{A})}{\operatorname{sen}(a)}.$$

Para solucionar, considere a Observação 2.14. Com as devidas considerações, pelas Analogias de Napier (2.89) e (2.91) (Teorema 2.13) encontra-se os valores do lado c e do ângulo $\widehat{C}$:

$$\cot\left(\tfrac{\widehat{C}}{2}\right) = \frac{\operatorname{tg}\left(\frac{\widehat{A}+\widehat{B}}{2}\right).\cos\left(\frac{a+b}{2}\right)}{\cos\left(\frac{a-b}{2}\right)}, \tag{2.100}$$

$$\cot\left(\tfrac{\widehat{C}}{2}\right) = \frac{\operatorname{tg}\left(\frac{\widehat{A}-\widehat{B}}{2}\right).\operatorname{sen}\left(\frac{a+b}{2}\right)}{\operatorname{sen}\left(\frac{a-b}{2}\right)}, \tag{2.101}$$

$$\operatorname{tg}\left(\tfrac{c}{2}\right) = \frac{\operatorname{tg}\left(\frac{a+b}{2}\right).\cos\left(\frac{\widehat{A}+\widehat{B}}{2}\right)}{\cos\left(\frac{\widehat{A}-\widehat{B}}{2}\right)}, \tag{2.102}$$

$$\operatorname{tg}(\tfrac{c}{2}) = \frac{\operatorname{tg}(\frac{a-b}{2}).\operatorname{sen}(\frac{\widehat{A}+\widehat{B}}{2})}{\operatorname{sen}(\frac{\widehat{A}-\widehat{B}}{2})}. \tag{2.103}$$

Assim, está resolvido o quinto caso.

2.4.2.6 6º Caso de Resolução de Triângulos Obliquângulos

Caso: Dados 2 ângulos $\widehat{A}$, $\widehat{B}$ e o lado a oposto a um deles. Calcular os lados b, c e o ângulo $\widehat{C}$.

Abordagem: Conhecidos os ângulos $\widehat{A}$, $\widehat{B}$ e o lado a, se calcula pela Lei dos Senos (Teorema 2.2) o lado b:

$$\operatorname{sen}(b) = \frac{\operatorname{sen}(a).\operatorname{sen}(\widehat{B})}{\operatorname{sen}(\widehat{A})}.$$

Para solucionar, considere a Observação 2.14. Após, determina-se o ângulo $\widehat{C}$ e o lado c, pelas Analogias de Napier (Teorema 2.13), como nas Equações (2.100), (2.101), (2.102) e (2.103). Assim está resolvido o sexto caso.

2.5 Triângulos Esféricos Retângulos

Nesta seção aplicaremos os resultados estudados na resolução de triângulos esféricos retângulos.

A nomenclatura dos elementos de triângulos esféricos retângulos é análoga a dos triângulos planos retângulos. Observe a figura, o lado a é oposto ao ângulo reto $\widehat{A} = 90°$ e recebe o nome de hipotenusa. O lado b é o cateto oposto ao ângulo $\widehat{B}$ e adjacente ao ângulo $\widehat{C}$. Já o lado c é o cateto oposto ao ângulo $\widehat{C}$ e adjacente ao ângulo $\widehat{B}$.

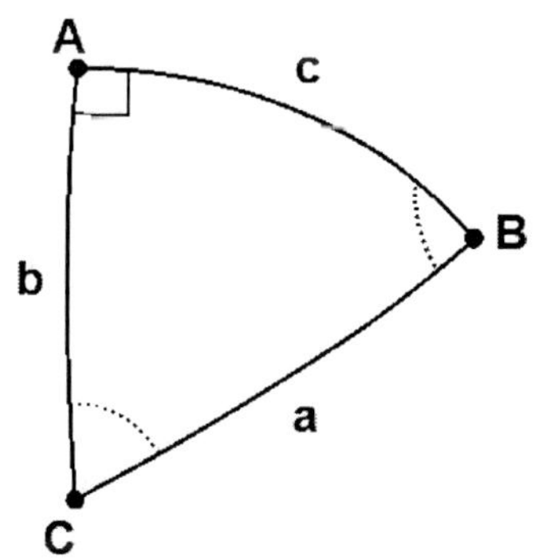

Num triângulo esférico retângulo tem-se cinco elementos desconhecidos uma vez que um dos ângulos é reto. Sendo $\widehat{A} = 90°$, dados dois elementos os demais ficam determinados.

Para todos os resultados desta seção, consideraremos um triângulo reto em $\widehat{A} = 90^\circ$ conforme a ilustração.

Como os elementos dados serão dois quaisquer dentre cinco, pode-se determinar o número de casos utilizando combinação, ou seja:

$$C_5^2 = \frac{5!}{2!(5-2)!} = \frac{5.4.3!}{2!3!} = \frac{20}{2} = 10.$$

Porém, desses 10 casos, há algumas repetições, de forma que ao descartá-las, restam apenas 6 casos distintos.

1. São dados dois ângulos agudos;
2. São dados um ângulo agudo e a hipotenusa;
3. São dados um ângulo agudo e o seu cateto adjacente;
4. São dados um ângulo agudo e o seu cateto oposto;
5. São dados um cateto e a hipotenusa;
6. São dados os dois catetos.

Proposição 2.15. *O cosseno da hipotenusa é igual ao produto dos cossenos dos catetos.*

Demonstração. Pelo Teorema 2.1, tem-se que:

$$\cos(a) = \cos(b).\cos(c) + \operatorname{sen}(b).\operatorname{sen}(c).\cos(\widehat{A}).$$

Como, neste caso, $\cos(\widehat{A}) = \cos(90^\circ) = 0$, então:

$$\cos(a) = \cos(b).\cos(c).$$

Logo, está provado. □

A Proposição 2.15 também é conhecida como o Teorema de Pitágoras para Triângulos Retângulos Esféricos.

Proposição 2.16. *O seno de um cateto é igual ao produto dos senos da hipotenusa e do ângulo oposto ao referido cateto.*

Demonstração. Pelo Teorema 2.2, tem-se que:

$$\frac{\text{sen}(a)}{\text{sen}(\widehat{A})} = \frac{\text{sen}(b)}{\text{sen}(\widehat{B})} = \frac{\text{sen}(c)}{\text{sen}(\widehat{C})}.$$

Como, neste caso, $\text{sen}(\widehat{A}) = \text{sen}(90°) = 1$, assim:

$$\text{sen}(a) = \frac{\text{sen}(b)}{\text{sen}(\widehat{B})}$$

e

$$\text{sen}(a) = \frac{\text{sen}(c)}{\text{sen}(\widehat{C})}.$$

Isto implica que:

$$\text{sen}(b) = \text{sen}(a).\,\text{sen}(\widehat{B})$$

e

$$\text{sen}(c) = \text{sen}(a).\,\text{sen}(\widehat{C}).$$

E está provado. □

Proposição 2.17. *O cosseno da hipotenusa é igual ao produto das cotangentes dos ângulos adjacentes.*

Demonstração. Pelo Teorema 2.3, tem-se que:

$$\cos(\widehat{A}) = -\cos(\widehat{B}).\cos(\widehat{C}) + \text{sen}(\widehat{B}).\,\text{sen}(\widehat{C}).\cos(a).$$

Como, neste caso, $\cos(\widehat{A}) = \cos(90°) = 0$, então:

$$-\cos(\widehat{B}).\cos(\widehat{C}) + \text{sen}(\widehat{B}).\,\text{sen}(\widehat{C}).\cos(a) = 0 \Longrightarrow$$
$$\text{sen}(\widehat{B}).\,\text{sen}(\widehat{C}).\cos(a) = \cos(\widehat{B}).\cos(\widehat{C}).$$

Assim,

$$\cos(a) = \frac{\cos(\widehat{B}).\cos(\widehat{C})}{\text{sen}(\widehat{B}).\,\text{sen}(\widehat{C})} \Longrightarrow \cos(a) = \cot(\widehat{B}).\cot(\widehat{C}).$$

E está provado. □

Proposição 2.18. *O cosseno de um dos ângulos não retos é igual ao produto do cosseno do lado oposto pelo seno do outro ângulo não reto.*

Demonstração. Pelo Teorema 2.3, tem-se que:

$$\cos(\widehat{B}) = -\cos(\widehat{A}).\cos(\widehat{C}) + \operatorname{sen}(\widehat{A}).\operatorname{sen}(\widehat{C}).\cos(b)$$

e

$$\cos(\widehat{C}) = -\cos(\widehat{A}).\cos(\widehat{B}) + \operatorname{sen}(\widehat{A}).\operatorname{sen}(\widehat{B}).\cos(c).$$

Como $\widehat{A} = 90°$, tem-se $\operatorname{sen}(\widehat{A}) = 1$ e $\cos(\widehat{A}) = 0$, isto implica que:

$$\cos(\widehat{B}) = \operatorname{sen}(\widehat{C}).\cos(b)$$

e

$$\cos(\widehat{C}) = \operatorname{sen}(\widehat{B}).\cos(c)$$

E está provado. □

Proposição 2.19. *A cotangente da hipotenusa é igual ao produto da cotangente de um cateto pelo cosseno do ângulo a ele adjacente.*

Demonstração. Pelo Teorema 2.9, tem-se:

$$\operatorname{sen}(b).\cot(a) = \operatorname{sen}(\widehat{C}).\cot(\widehat{A}) + \cos(b).\cos(\widehat{C})$$

e

$$\operatorname{sen}(c).\cot(a) = \operatorname{sen}(\widehat{B}).\cot(\widehat{A}) + \cos(c).\cos(\widehat{B}).$$

Como $\widehat{A} = 90°$, tem-se que $\cot(\widehat{A}) = 0$, assim:

$$\begin{aligned}\cot(a).\operatorname{sen}(b) = \cos(b).\cos(\widehat{C}) &\Longrightarrow \cot(a) = \frac{\cos(b)}{\operatorname{sen}(b)}.\cos(\widehat{C})\\ &\Longrightarrow \cot(a) = \cot(b).\cos(\widehat{C})\end{aligned}$$

e

$$\begin{aligned}\cot(a).\operatorname{sen}(c) = \cos(c).\cos(\widehat{B}) &\Longrightarrow \cot(a) = \frac{\cos(c)}{\operatorname{sen}(c)}.\cos(\widehat{B})\\ &\Longrightarrow \cot(a) = \cot(c).\cos(\widehat{B})\end{aligned}$$

E está provado. □

Proposição 2.20. *A cotangente de um ângulo não reto é igual ao produto da cotangente do seu cateto oposto pelo seno do cateto adjacente a ele.*

Demonstração. Pelo Teorema 2.9, tem-se:

$$\text{sen}(b).\cot(c) = \text{sen}(\widehat{A}).\cot(\widehat{C}) + \cos(b).\cos(\widehat{A})$$

e

$$\text{sen}(c).\cot(b) = \text{sen}(\widehat{A}).\cot(\widehat{B}) + \cos(c).\cos(\widehat{A}).$$

Como $\widehat{A} = 90°$, tem-se que $\text{sen}(\widehat{A}) = 1$ e $\cos(\widehat{A}) = 0$, isto implica que:

$$\cot(\widehat{C}) = \text{sen}(b).\cot(c)$$

e

$$\cot(\widehat{B}) = \text{sen}(c).\cot(b).$$

E está provado. □

Obtém-se pelas Proposições 2.15, 2.16, 2.17, 2.18, 2.19 e 2.20 um conjunto de dez fórmulas funcionais em triângulos esféricos retângulos (com ângulo reto em $\widehat{A}$). São elas:

$$\cos(a) = \cos(b).\cos(c), \tag{2.104}$$

$$\text{sen}(b) = \text{sen}(a).\text{sen}(\widehat{B}), \tag{2.105}$$

$$\text{sen}(c) = \text{sen}(a).\text{sen}(\widehat{C}), \tag{2.106}$$

$$\cos(a) = \cot(\widehat{B}).\cot(\widehat{C}), \tag{2.107}$$

$$\cos(\widehat{B}) = \text{sen}(\widehat{C}).\cos(b), \tag{2.108}$$

$$\cos(\widehat{C}) = \text{sen}(\widehat{B}).\cos(c), \tag{2.109}$$

$$\cot(a) = \cot(b).\cos(\widehat{C}), \tag{2.110}$$

$$\cot(a) = \cot(c).\cos(\widehat{B}), \tag{2.111}$$

$$\cot(\widehat{B}) = \text{sen}(c).\cot(b), \tag{2.112}$$

$$\cot(\widehat{C}) = \text{sen}(b).\cot(c). \tag{2.113}$$

Capítulo 3

Aplicações em Geodésia e Astronomia de Posição

3.1 Geodésia

Chama-se Geodésia o estudo da geometria da superfície do planeta Terra.

3.1.1 Esfera e Triângulo Terrestre

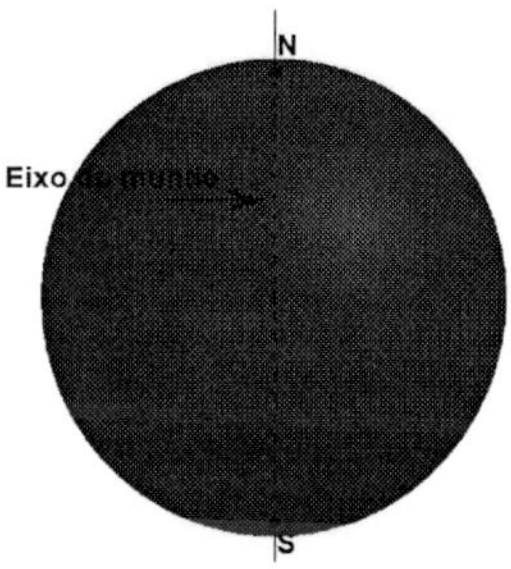

Definição 3.1. *(Eixo do Mundo) - Chama-se eixo do mundo o eixo no qual a esfera terrestre apresenta rotação.*

Definição 3.2. *(Polos Geográficos) - São chamados de polos geográficos (norte e sul) os pontos antípodas da esfera terrestre associados ao eixo do mundo.*

Definição 3.3. *(Paralelos Terrestres) - Os círculos perpendiculares ao eixo do mundo são chamados de paralelos terrestres. O círculo máximo (paralelo máximo) é denominado Equador e divide a esfera terrestre em dois hemisférios, nomeados de Norte e Sul conforme o polo que contém.*

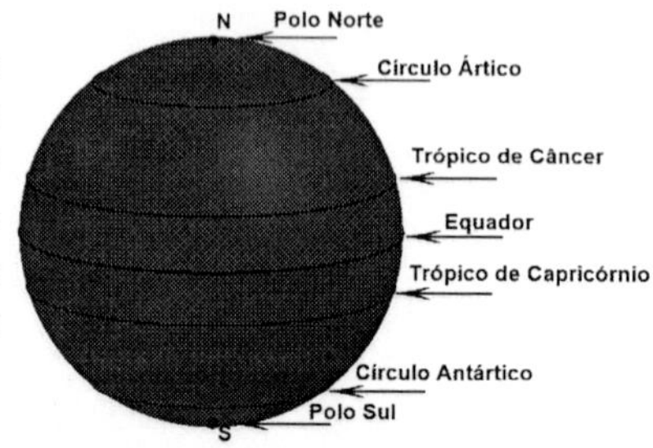

Definição 3.4. *(Meridianos Terrestres) - Os círculos máximos que passam pelos polos geográficos são chamados de meridianos. Todos os meridianos são perpendiculares aos círculos paralelos*[1].

Por um ponto qualquer da esfera terrestre, pode-se traçar um paralelo e um meridiano. Para esse ponto, a posição do paralelo e meridiano (coordenadas geográficas) em relação a um ponto fixo da esfera terrestre dará a localização sobre a esfera.

Definição 3.5. *(Longitude) - O meridiano que passa por Greenwich*[2] *é chamado de primeiro meridiano ou Meridiano de Greenwich. Este meridiano dá origem a coordenada geográfica longitude. A longitude é denotada por λ e é medida em graus, de zero a 180° para Leste ou para Oeste*[3] *do Meridiano de Greenwich.*

Na prática, usa-se o sinal negativo para indicar a posição W e positivo para a posição E. Desse modo, pode-se escrever: $-180°(W) \leq \lambda \leq 180°(E)$.

Definição 3.6. *(Latitude) - Latitude é o arco do meridiano, medido em graus, de um ponto até o equador. A latitude é denotada por ϕ e é medida de zero à 90° para Norte ou para Sul do Equador.*

Na prática, usa-se o sinal negativo para indicar a posição S e positivo para a posição N. Desse modo, pode-se escrever: $-90°(S) \leq \phi \leq 90°(N)$.

Observação 3.7. *Os dois círculos paralelos traçados a 23° 27'*[4] *de latitude Norte ou Sul são, respectivamente, o Trópico de Câncer e o Trópico de Capricórnio, estes limitam a zona equatorial. Da mesma forma, os círculos*

[1]Em particular, todos os meridianos são perpendiculares ao Equador.
[2]Cidade na Inglaterra.
[3]Usa-se a nomenclatura W e E respectivamente, *West* e *East* (Oeste e Leste em inglês).
[4]Notação para medida em graus, minutos e segundos. Cada 1°= 60'=3600".

traçados a 66° 33' de latitude Norte e Sul são, respectivamente, o círculo polar Ártico e o círculo polar Antártico, estes limitam as zonas polares.

A partir das considerações feitas sobre coordenadas geográficas é possível localizar um ponto na esfera terrestre. Diz-se, por exemplo, conforme a figura ao lado, que o ponto A tem latitude 60° S e longitude 120° W. Já o ponto B, latitude 40° N e longitude 30° E.

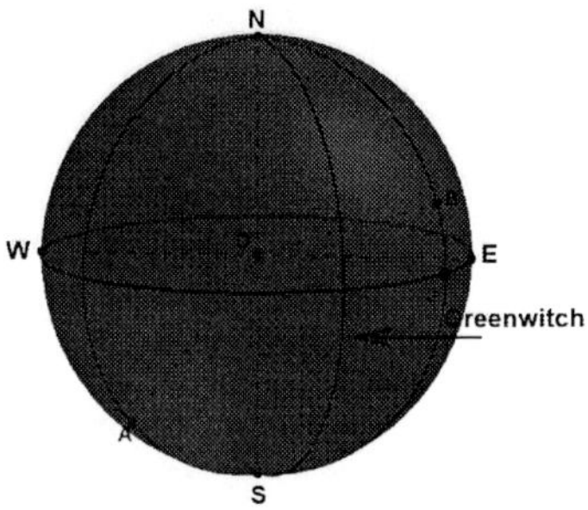

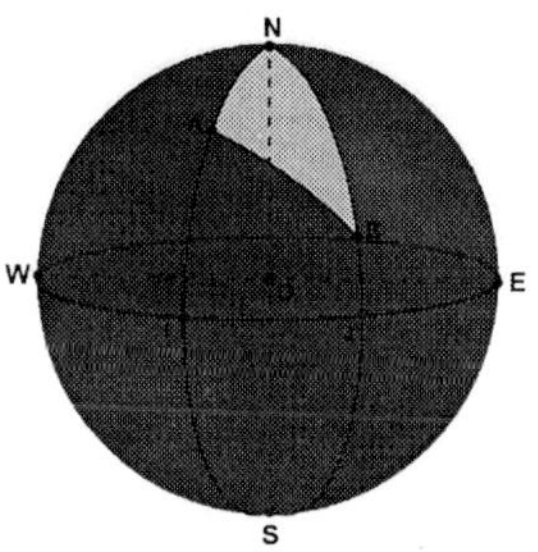

Figura 3.1: Triângulo terrestre.

Definição 3.8. *(Triângulo Terrestre) - Sejam dois pontos A e B da esfera terrestre dos quais sabe-se as latitudes e as longitudes respectivas. Considerando os meridianos desses pontos e o círculo máximo contendo os pontos A e B, o triângulo NAB (conforme ao lado) é um triângulo esférico e por sua vez um triângulo terrestre, onde o arco $\widehat{AB}$ é a distância geográfica entre os pontos A e B. O arco $\widehat{AB}$ é a distância mais curta entre esses pontos sobre a esfera terrestre.*

A determinação das distâncias geográficas constitui uma aplicação da Trigonometria Esférica. Conforme a Figura 3.1, no triângulo esférico NAB, o arco $\widehat{AN}$ é o complementar da latitude de A e o arco $\widehat{BN}$ é o complementar da latitude de B. O ângulo esférico em N é medido sobre o equador no arco $\widehat{IJ}$ e é dado imediatamente em função das longitudes dos pontos A e B.

Observação 3.9. *Para calcular a distância entre dois pontos A e B na superfície terrestre, pode-se considerar o triângulo terrestre exibido na Figura 3.1 e aplicar o Teorema 2.1 (Lei dos Cossenos):*

$$\cos(\widehat{AB}) = \cos(\widehat{NA}).\cos(\widehat{NB}) + sen(\widehat{NA}).sen(\widehat{NB}).\cos(\widehat{N}). \tag{3.1}$$

Sendo assim, a medida do arco $\widehat{AB}$, representa a distância entre A e B. Obtém-se tal medida fazendo:

$$\widehat{AB} = \arccos(\cos(\widehat{NA}).\cos(\widehat{NB}) + sen(\widehat{NA}).sen(\widehat{NB}).\cos(\widehat{N})).$$

Definição 3.10. *(Milha Marítima) - A milha marítima internacional, também conhecida como milha náutica, é considerada equivalente a 1852 metros ou aproximadamente 1' (1 minuto) de qualquer arco de um círculo máximo da esfera terrestre. O raio médio dessa esfera é 6367 quilômetros.*

A partir da Definição 3.10, pode-se converter uma distância dada em graus para quilômetros. Exemplo: Para uma distância avaliada em 20°18', tem-se: $(20\times60)+18 = 1218$ milhas marítimas ou $1218\times1852 = 2255736$ m $= 2255,736$ Km.

3.1.2 Cálculo de Distâncias na Terra

Utilizando os conceitos estudados anteriormente, com a fórmula fornecida pela Equação (3.1), calcula-se nesta seção distâncias entre dois pontos do planeta Terra.

Observação 3.11. *Para calcular a distância entre dois locais A e B, primeiramente observa-se que se o local B, por exemplo (vide Figura 3.1), estiver no hemisfério Norte, o arco $\widehat{BN}$ é igual ao complemento da latitude de B, por outro lado se B estiver no hemisfério Sul, o arco $\widehat{BN}$ será igual a 90° mais a latitude. Se as longitudes de A e B forem ambas leste ou ambas oeste, o arco $\widehat{IJ}$ (vide Figura 3.1) será igual a diferença das longitudes. Se, pelo contrário, uma estiver a leste e outra a oeste, o arco $\widehat{IJ}$ será igual a soma das longitudes. Se esta soma for maior que 180° tira-se a soma de 360° e utiliza-se o resultado.*

A título de exemplo, abaixo apresenta-se algumas localizações[5]:

[5]As localizações das cidades brasileiras foram obtidas no site do IBGE [7].

Tabela 3.1: Latitudes e longitudes de alguns locais (Norte: N, Sul: S, Leste: E e Oeste: W).

Cidade	Latitude	Longitude
Rio de Janeiro	22,09° S	43,2166° W
Nova York	40,8166° N	73,9666° W
Londres	51,5166° N	0,1° W
São Francisco (Califórnia)	37,5333° N	122,2166° W
Paris	48,8333° N	2,3333° E
Sidnei	33,865143° S	151,2099° E
Moscou	55,7166° N	37,566° E
Ilha de Páscoa	27,15° S	109,425° W
São Paulo	23,5495° S	46,6388° W
Manaus	3,1333° S	60° W
Natal	5,7833° S	35,1833° W
Belo Horizonte	19,8333° S	43,95° W
Curitiba	49,2733° S	25,4284 ° W
Campinas	22,9073° S	47,0601° W
Piracicaba	22,7237° S	47,6468° W
São José dos Campos	23,1840° S	45,8841° W
Ajapí (Distrito de Rio Claro)	22,2819° S	47,0601° W
Rio Claro	22,41° S	47,56 ° W
Machu Picchu	13,15° S	72,52° W
Cidade do Cabo	33,92584° S	18,42322° E
Atenas	37,9816° N	23,7308° E
UNESP (Rio Claro)	22,3833° S	47,5333 ° W
Observatório (UNIVAP)	23,208° S	45,9637° W

3.1.2.1 Distância entre Rio Claro SP e algumas cidades estrangeiras

Pode-se calcular também a distância de Rio Claro a Machu Picchu. Vide Figura 3.2(a).

As localizações são:

- Rio Claro: Latitude 22,41° S e Longitude 47,56° W;
- Machu Picchu: Latitude 13,15° S e Longitude 72,52° W.

Sendo o ponto A Rio Claro e o ponto B Machu Picchu, com as duas latitudes ao Sul, pela Observação 3.11, tem-se:

$$\overset{\frown}{\mathrm{NA}} = 90^\circ + 22,41^\circ = 112,41^\circ$$

$$\overset{\frown}{\mathrm{NB}} = 90^\circ + 13,15^\circ = 103,15^\circ.$$

Sendo as duas longitudes a Oeste, o arco $\overset{\frown}{\mathrm{IJ}}$ (vide Figura 3.1) que mede o ângulo $\widehat{N}$, pela Observação 3.11, é igual à diferença das longitudes. Assim:

$$\widehat{N} = 72,52^\circ - 47,56^\circ = 24,96^\circ.$$

Pelo Teorema 2.1 e a Equação (3.1), tem-se:

$$\cos(\overset{\frown}{\mathrm{AB}}) = \cos(\overset{\frown}{\mathrm{NA}}).\cos(\overset{\frown}{\mathrm{NB}}) + \operatorname{sen}(\overset{\frown}{\mathrm{NA}}).\operatorname{sen}(\overset{\frown}{\mathrm{NB}}).\cos(\widehat{N}).$$

O que implica

$$\begin{aligned}\cos(\overset{\frown}{\mathrm{AB}}) = \cos(112,41^\circ).\cos(103,15^\circ)&\\ + \operatorname{sen}(112,41^\circ).\operatorname{sen}(103,15^\circ).\cos(24,96^\circ)&\\ \Longrightarrow \cos(\overset{\frown}{\mathrm{AB}}) = 0,902888451 \Longrightarrow \overset{\frown}{\mathrm{AB}} \cong 25,45^\circ.&\end{aligned}$$

Transformando $25,45^\circ = (1527)'$, o que implica que a distância de Rio Claro a Machu Picchu é 1527 milhas marítimas ou $1527 \times 1852 = 2828004$ m $= 2828,004$ km.

Da mesma forma, calcula-se a distância entre Rio Claro e Cidade do Cabo (África do Sul). Vide Figura 3.2(b).

As localizações são:

- Rio Claro: Latitude 22,41° S e Longitude 47,56° W;
- Cidade do Cabo: Latitude 33,92584° S e Longitude 18,42322° E.

Sendo o ponto A Rio Claro e o ponto B Cidade do Cabo, com as duas latitudes ao Sul, conforme a figura ao lado, pela Observação 3.11, tem-se:

$$\widehat{\text{NA}} = 90° + 22,41° = 112,41°$$

$$\widehat{\text{NB}} = 90° + 33,92584° = 123,92584°.$$

Sendo uma das longitudes a Oeste e outra a Leste, o arco $\widehat{\text{IJ}}$ que mede o ângulo $\widehat{N}$, pela Observação 3.11, é igual à soma das longitudes. Assim:

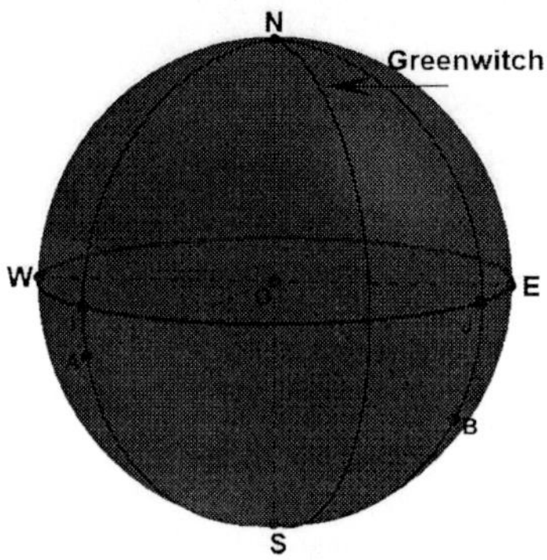

$$\widehat{N} = 18,42322° + 47,56° = 65,98322°.$$

Pelo Teorema 2.1 e a Equação (3.1), tem-se:

$$\cos(\widehat{\text{AB}}) = \cos(\widehat{\text{NA}}).\cos(\widehat{\text{NB}}) + \text{sen}(\widehat{\text{NA}}).\text{sen}(\widehat{\text{NB}}).\cos(\widehat{N}).$$

O que implica

$$\begin{aligned}\cos(\widehat{\text{AB}}) = \cos(112,41°).\cos(123,92584°) \\ + \text{sen}(112,41°).\text{sen}(123,92584°).\cos(65,98322°) \\ \Longrightarrow \cos(\widehat{\text{AB}}) = 0,524984389 \Longrightarrow \widehat{\text{AB}} \cong 58,33°.\end{aligned}$$

Transformando $58,33° = (3499,8)'$, o que implica que a distância de Rio Claro à Cidade do Cabo é 3499,8 milhas marítimas ou $3499,8 \times 1852 = 6481629,6$ m $= 6481,6296$ km.

Da mesma forma, calcula-se a distancia entre Rio Claro e Atenas (Grécia). Vide Figura 3.2 (c).

As localizações são:

- Rio Claro: Latitude 22,41° S e Longitude 47,56° W;
- Atenas: Latitude 37,9816° N e Longitude 23,7308° E.

Sendo o ponto A Rio Claro e o ponto B Atenas, com uma latitude ao Sul e outra ao Norte, conforme a figura seguinte, pela Observação 3.11, tem-se:

$$\widehat{\mathrm{NA}} = 90° + 22,41° = 112,41°$$

$$\widehat{\mathrm{NB}} = 90° - 37,9816° = 52,0184°.$$

Sendo uma das longitudes a Oeste e outra a Leste, o arco $\widehat{\mathrm{IJ}}$ que mede o ângulo $\widehat{N}$, pela Observação 3.11, é igual à soma das longitudes. Assim:

$$\widehat{N} = 23,7308° + 47,56° = 71,2908°.$$

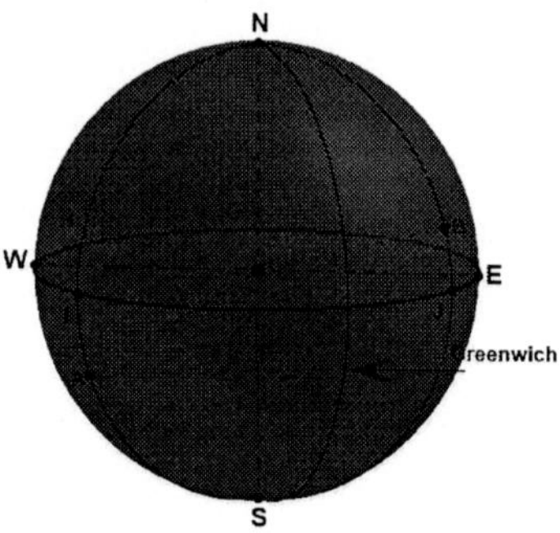

Pelo Teorema 2.1 e Equação (3.1), tem-se:

$$\cos(\widehat{\mathrm{AB}}) = \cos(\widehat{\mathrm{NA}}).\cos(\widehat{\mathrm{NB}}) + \mathrm{sen}(\widehat{\mathrm{NA}}).\mathrm{sen}(\widehat{\mathrm{NB}}).\cos(\widehat{N}).$$

O que implica

$$\begin{aligned}\cos(\widehat{\mathrm{AB}}) = \cos(112,41°).\cos(52,0184°)& \\ + \mathrm{sen}(112,41°).\mathrm{sen}(52,0184°).\cos(71,2908°)& \\ \Longrightarrow \cos(\widehat{\mathrm{AB}}) = 0,0008772909359& \\ \Longrightarrow \widehat{\mathrm{AB}} \cong 90,05°.&\end{aligned}$$

Transformando $90,05° = (5403)'$, o que implica que a distância de Rio Claro à Atenas é 5403 milhas marítimas ou $5403 \times 1852 = 10006356$ m= $10006,356$ km.

De forma análoga, calcula-se também a distância entre Rio Claro e Sidnei (Austrália). Vide Figura 3.2 (d).

As localizações são:

- Rio Claro: Latitude 22,41° S e Longitude 47,56° W;
- Sidnei: Latitude 33,865143° S e Longitude 151,2099° E.

Sendo o ponto A Rio Claro e o ponto B Sidnei, com ambas latitudes ao Sul, pela Observação 3.11, tem-se:

$$\widehat{\mathrm{NA}} = 90^\circ + 22,41^\circ = 112,41^\circ$$

$$\widehat{\mathrm{NB}} = 90^\circ + 33,865143^\circ = 123,865143^\circ.$$

Sendo uma das longitudes a Oeste e outra a Leste, o arco $\widehat{\mathrm{IJ}}$ que mede o ângulo $\widehat{N}$, pela Observação 3.11, é igual à soma das longitudes. Assim:

$$\widehat{N} = 151,2099^\circ + 47,56^\circ = 198,7699^\circ.$$

Pelo Teorema 2.1 e Equação (3.1), tem-se:

$$\cos(\widehat{\mathrm{AB}}) = \cos(\widehat{\mathrm{NA}}).\cos(\widehat{\mathrm{NB}}) + \mathrm{sen}(\widehat{\mathrm{NA}}).\mathrm{sen}(\widehat{\mathrm{NB}}).\cos(\widehat{N}).$$

O que implica

$$\begin{aligned}\cos(\widehat{\mathrm{AB}}) = {} & \cos(112,41^\circ).\cos(123,865143^\circ)\\ & + sin(112,41^\circ).\mathrm{sen}(123,865143^\circ).\cos(198,7699^\circ)\\ & \Longrightarrow \cos(\widehat{\mathrm{AB}}) = -0,514380852 \Longrightarrow \widehat{\mathrm{AB}} \cong 120,95^\circ.\end{aligned}$$

Transformando $120,95^\circ = (7257)'$, o que implica que a distância de Rio Claro à Atenas é 7257 milhas marítimas ou $7257 \times 1852 = 13439964$ m= $13439,964$ km.

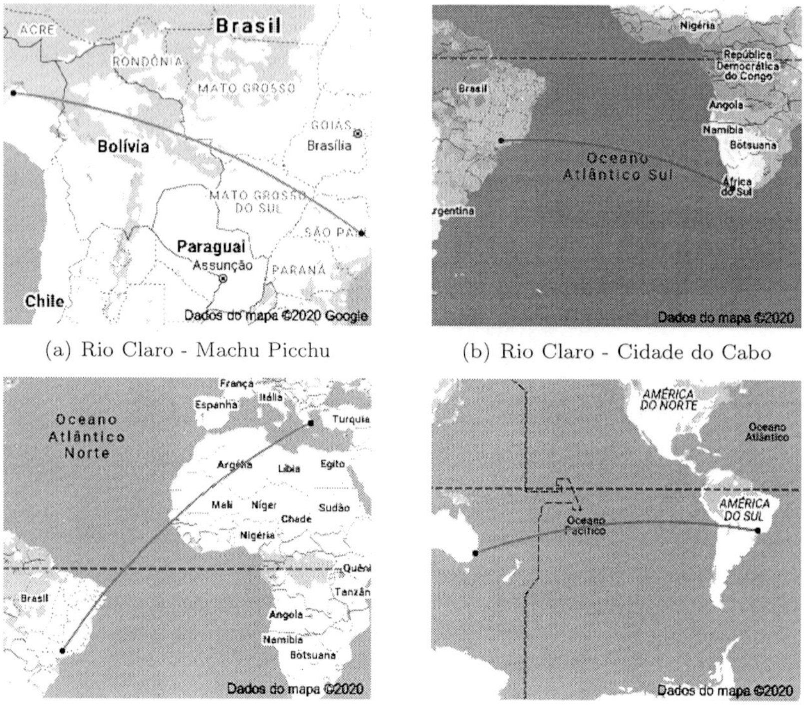

(a) Rio Claro - Machu Picchu

(b) Rio Claro - Cidade do Cabo

(c) Rio Claro - Atenas

(d) Rio Claro - Sidnei

Figura 3.2: Distâncias entre Rio Claro e algumas cidades estrangeiras ilustradas com Google Maps.

3.2 A Esfera Celeste

A ideia de Esfera Celeste remete ao tempo dos astrônomos gregos antigos, que conjecturavam que o céu encrustado de estrelas fosse uma grande esfera, na qual a Terra estaria envolta. A partir de tal conjectura, surgiu o conceito formal de Esfera Celeste.

Definição 3.12. *(Esfera Celeste) - Esfera celeste é uma esfera imaginária gigantesca, centrada na Terra, girando em torno de um eixo que é o prolongamento do eixo de rotação da Terra (eixo do mundo).*

Definição 3.13. *(Polos Celestes) - O Polo Celeste Norte é o ponto em que o prolongamento do eixo de rotação da Terra intercepta a esfera celeste no hemisfério norte. Da mesma maneira, o Polo Celeste Sul é o ponto em que o prolongamento do eixo de rotação da Terra intercepta a esfera celeste no hemisfério sul. O Polo Celeste Norte (PN) pode ser conhecido também como Austral ou Antártico. Já o Polo Celeste Sul (PS) pode ser chamado também de Ártico ou Boreal.*

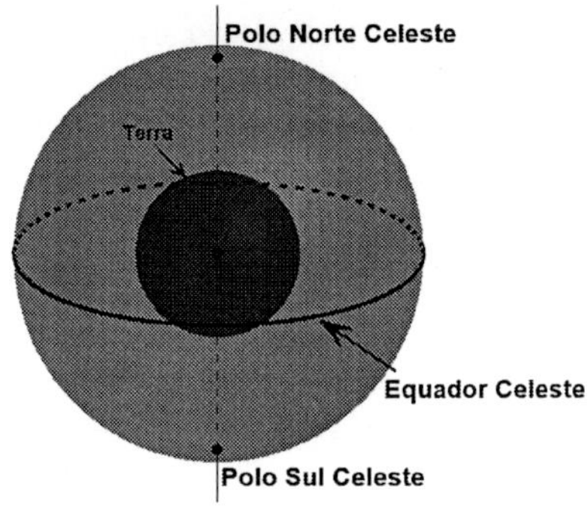

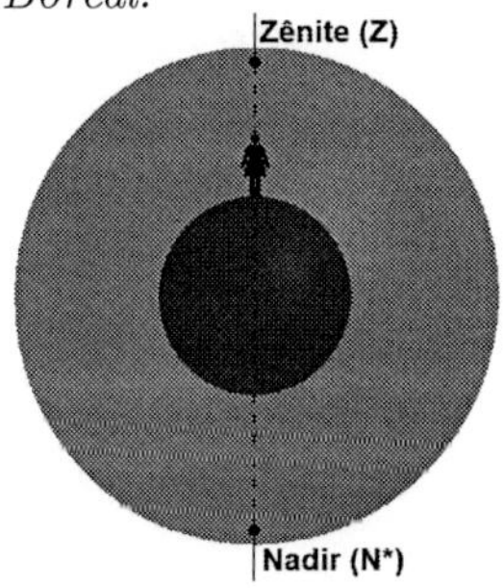

Definição 3.14. *(Vertical do Observador) - Vertical do observador é o eixo da esfera celeste que passa pelo ponto no qual se encontra o observador.*

Definição 3.15. *(Zênite e Nadir) - Os dois pontos diametralmente opostos produzidos pela intersecção da vertical com a esfera celeste são chamados Zênite (Z) e Nadir (N^*), sendo o primeiro o ponto localizado acima do observador e o segundo o ponto localizado abaixo.*

Definição 3.16. *(Horizonte do Observador) - Horizonte do observador é o plano tangente à Terra e perpendicular à vertical do lugar em que se encontra o observador.*

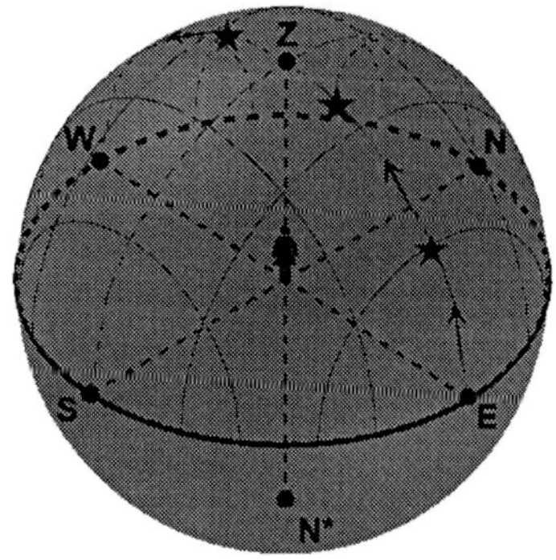

Observação 3.17. *Devido às dimensões gigantescas da esfera celeste, também pode-se considerar o observador como o seu centro. Na esfera celeste, supõe-se a projeção dos astros, que se movem em movimento aparente de Leste (E) para Oeste (W).*

Observação 3.18. *Na prática, para as contas, muitas vezes se considera o raio da esfera celeste como unitário.*

Observação 3.19. *Algumas bibliografias subdividem ainda o Horizonte como: Horizonte Matemático, Horizonte Racional, Horizonte Geocêntrico e Horizonte*

Aparente.

- *Horizonte Matemático - é o que toca a superfície da Terra nos pés do observador;*
- *Horizonte Racional - é o que passa pelo olho do observador;*
- *Horizonte Geocêntrico - é o que passa pelo centro da Terra;*
- *Horizonte Aparente (ou Ordinário) - é a linha pela qual parecem se interceptar a esfera celeste e a Terra aos olhos do observador. É importante ressaltar que esse horizonte aumenta ou diminui de acordo com a altura do observador.*

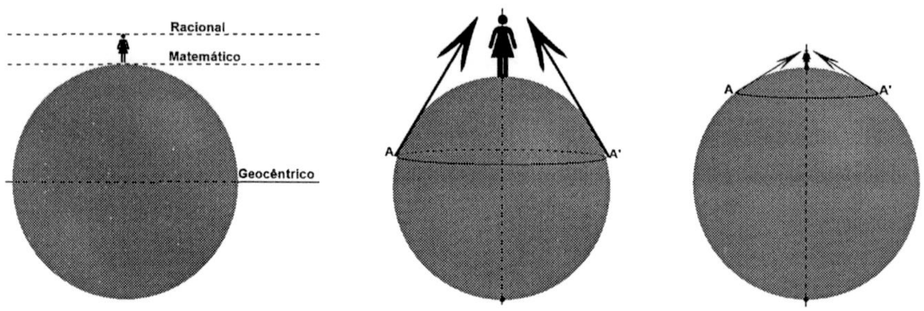

(a) Horizontes matemático, racional e geocêntrico. (b) Horizonte aparente para um observador alto. (c) Horizonte aparente para um observador baixo.

Definição 3.20. *(Equador Celeste) - Equador celeste é o círculo máximo em que o plano do equador da Terra intercepta a esfera celeste.*

Definição 3.21. *(Paralelos Celestes) - São chamados de paralelos celestes os círculos menores determinados pela interseção sobre a esfera celeste e planos paralelos ao plano do equador.*

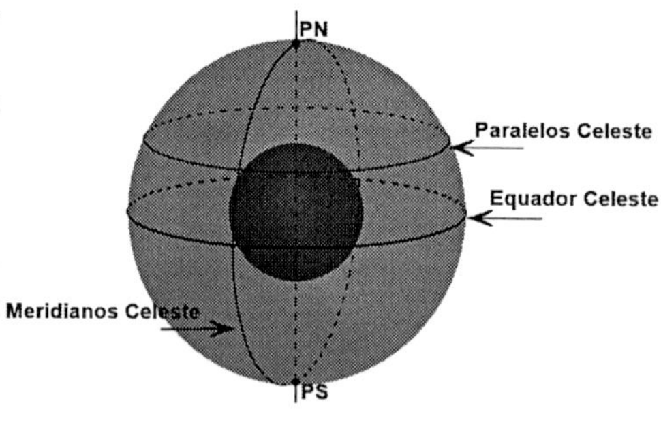

Definição 3.22. *(Meridianos Celestes) - São chamados de meridianos celestes os círculos máximos cujos planos contêm os dois polos celestes. Tais meridianos dividem ao meio o equador celeste e todos os paralelos celestes.*

Definição 3.23. *(Meridiano Local) - Meridiano local é o meridiano celeste que passa também pelo Zênite. Também é conhecido como Meridiano do Lugar.*

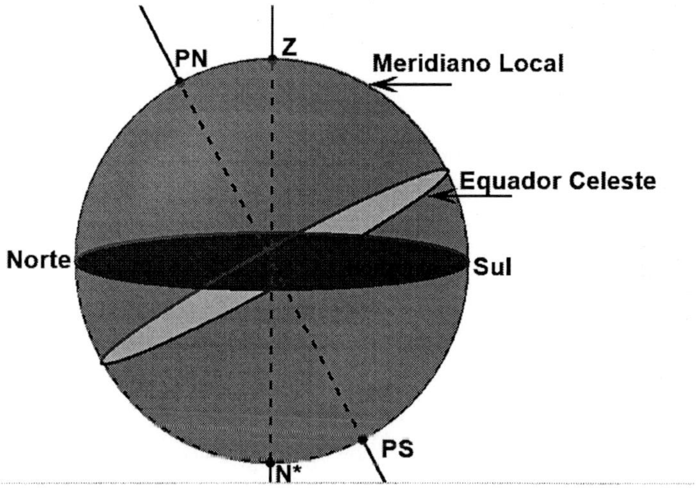

Definição 3.24. *(Círculos de Altura) - Círculos da esfera celeste paralelos ao horizonte são chamados de círculos de altura. São também conhecidos como almucântaras ou paralelos de altura.*

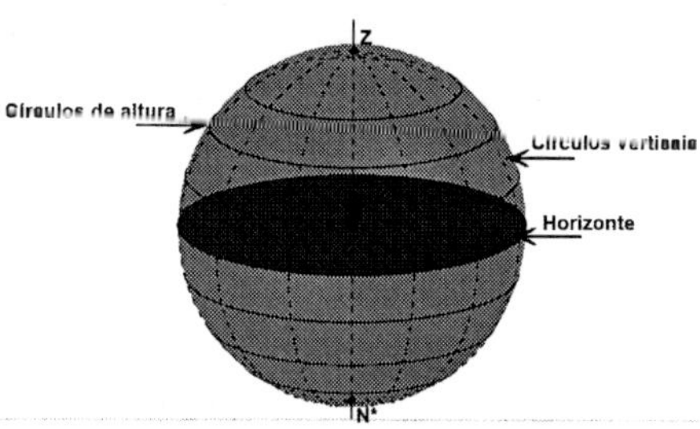

Definição 3.25. *(Círculos Verticais) - Círculo vertical é qualquer semicírculo máximo da esfera celeste cujo plano contém a vertical do lugar. Os círculos verticais começam no Zênite e terminam no Nadir.*

Com as devidas definições, a próxima seção abordará conceitos de localização na esfera celeste.

3.3 Coordenadas Celestes

Existem várias formas de se localizar um ponto na esfera celeste, de maneira que cada forma possui diferentes características como base para essa localização.

Antes de apresentar os diferentes sistemas de coordenadas, é necessário definir sentidos para rotação. Adota-se o sentindo direto (S-E-N-W-S) e retrógrado (S-W-N-E-S).

3.3.1 Coordenadas Horizontais

Este sistema utiliza o plano horizonte do observador como referencial. As principais coordenadas horizontais são Azimute e Altura.

Definição 3.26. *(Altura) - Altura é o arco medido sobre o círculo vertical do astro P com origem no horizonte e fim no astro. Denotada pela letra h e com medida entre* $-90°$ *e* $90°$.

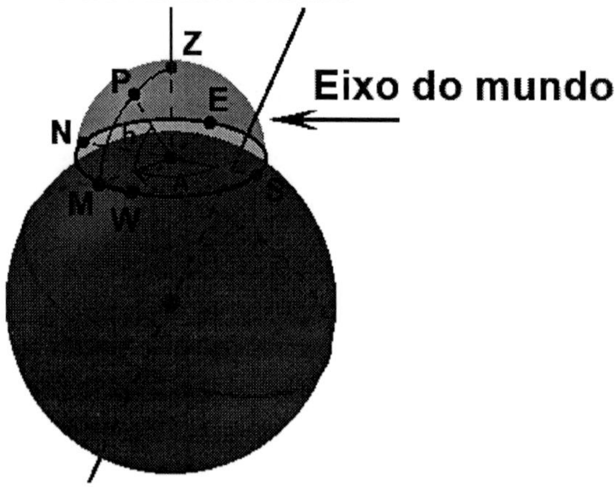

Observe a figura ao lado, o arco $\widehat{MP}$ é a altura do ponto P acima do horizonte.

$$-90° \leq h \leq 90°.$$

Definição 3.27. *(Distância Zenital) - Denomina-se o complemento da altura como distância zenital, isto é, a medida do arco sobre o círculo vertical com origem no Zênite e fim no astro. Denotada pela letra z e com medida entre* $0°$ *e* $180°$.

De acordo com a Definição 3.27, tem-se:

$$h + z = 90°$$

e

$$0° \leq z \leq 180°.$$

Definição 3.28. *(Azimute) - Denomina-se o arco medido sobre o horizonte desde o ponto sul (meridiano) até o círculo vertical do astro como azimute. Denotado pela letra A, o azimute varia entre 0° e 360°, medido no sentido retrógrado.*

Observe a figura anterior, o arco $\overset{\frown}{SM}$ é o azimute A do ponto P.

$$0° \leq A \leq 360°.$$

Observação 3.29. *O sistema horizontal é um sistema local, pois depende do lugar e do instante do observador fixo na Terra.*

3.3.1.1 Relação entre as coordenadas retilíneas e as horizontais

Como referencial considere eixos ortogonais tendo como origem o centro da esfera celeste de raio r na posição do observador, conforme a figura seguinte, onde o eixo z é a vertical do observador, o eixo x é a linha norte-sul e o eixo y é a linha leste-oeste. Têm-se então os planos: zOx (plano meridiano), xOy (plano do horizonte) e zOy (plano do primeiro vertical).

Do triângulo OBC (o ponto B é a projeção ortogonal de P sobre o plano do horizonte e C é a projeção do ponto B no eixo x), tem-se:

$$x = OC = OB.\cos(A) \tag{3.2}$$

Do triângulo OPB, tem-se:

$$OB = OP.\cos(h) = r.\cos(h) \tag{3.3}$$

Das Equações (3.2) e (3.3), segue:

$$x = r.\cos(A).\cos(h)$$

Do triângulo OBC, tem-se:

$$y = CB = OB.\,\text{sen}(A) \tag{3.4}$$

Das Equações (3.3) e (3.4), segue:

$$y = r.\cos(h).\,\text{sen}(A)$$

Do triângulo OPB, tem-se:

$$z = PB = r.\,\text{sen}(h)$$

Deste modo, considerando o referencial adotado, tem-se a seguinte relação entre as coordenadas retilíneas e as horizontais:

$$\begin{cases} x = r.\cos(A).\cos(h) \\ y = r.\cos(h).\operatorname{sen}(A) \\ z = r.\operatorname{sen}(h) \end{cases}.$$

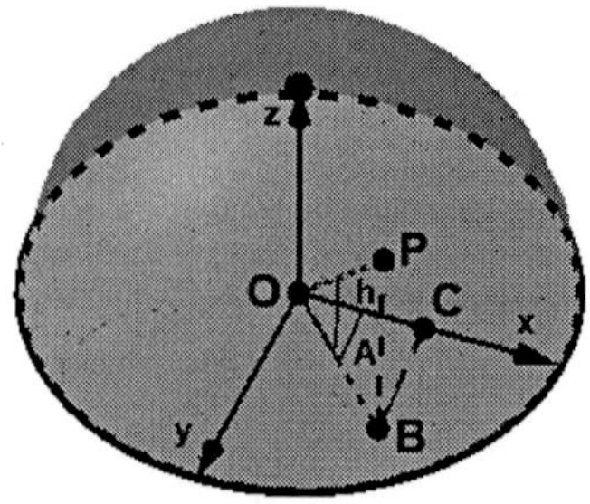

3.3.2 Coordenadas Equatoriais

Este sistema utiliza como plano referencial o do Equador Celeste e suas principais coordenadas são: a Ascensão Reta e a Declinação. Dessa forma, suas coordenadas não dependem da posição do observador no globo.

Definição 3.30. *(Eclíptica) - Chama-se eclíptica o círculo formado pelo movimento aparente do Sol no referencial da Terra.*

A Eclíptica possui 4 pontos principais que são: os equinócios de março e setembro (pontos de Áries e Libra) e os solstícios de junho e dezembro (esses são os dois pontos mais afastados do plano do Equador).

O equinócio de março acontece próximo a 21 de março de cada ano. Ele ocorre devido ao Sol cruzar o equador celeste, indo do hemisfério sul ao hemisfério norte. Na Terra, os raios solares incidem diretamente sobre o Equador. Já o equinócio de setembro ocorre próximo a 23 de setembro, de forma que o Sol cruza o Equador indo do hemisfério norte para o hemisfério sul. Os raios do Sol também incidem diretamente sobre o Equador.

O solstício de junho acontece próximo a 21 de junho de cada ano. Ele ocorre devido ao Sol estar na máxima inclinação norte incidindo diretamente na região do Trópico de Câncer na Terra. Já o solstício de dezembro ocorre próximo a 21 de dezembro, quando o Sol está na sua inclinação máxima sul, incidindo diretamente na região do Trópico de Capricórnio na Terra.

Observação 3.31. *As palavras solstício e equinócio vêm do latim: sol+sticium que significa Sol parado e aequus+nox que significa noites iguais.*

Definição 3.32. *(Ponto de Áries) - O Ponto de Áries é um ponto do equador celeste, ocupado pelo Sol no equinócio de março, isto é, quando o Sol cruza o Equador vindo do hemisfério sul. Denotado por γ, este ponto é um dos pontos da intersecção entre a eclíptica e o Equador celeste.*

Definição 3.33. *(Ponto de Libra) - O Ponto de Libra é o ponto diametralmente oposto ao Ponto de Áries. É o ponto ocupado pelo Sol no equinócio de setembro, isto é, quando o Sol cruza o Equador vindo do hemisfério norte. Denotado por Ω, este ponto é um dos pontos da intersecção entre a eclíptica e o Equador celeste.*

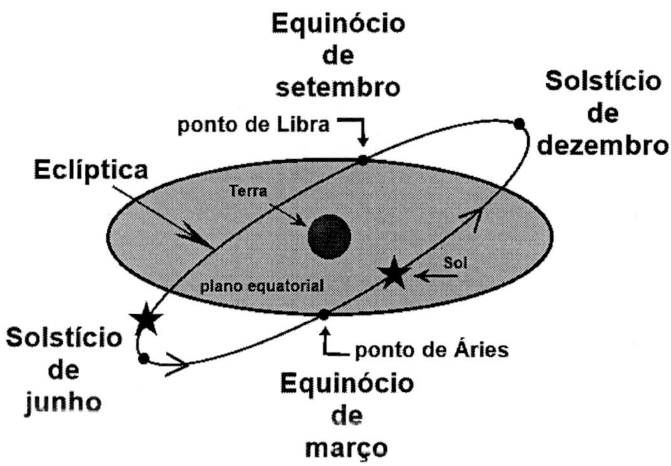

Observação 3.34. *Os solstícios e os equinócios demarcam os momentos de transição entre as estações do ano. As mudanças dependem do hemisfério e ocorrem de acordo com a Tabela 3.2.*

Tabela 3.2: Equinócios e solstícios no hemisfério norte e hemisfério sul.

Mês	**Hemisfério Norte**	**Hemisfério Sul**
Março	Equinócio de Primavera (entrada da primavera)	Equinócio de Outono (entrada do outono)
Junho	Solstício de Verão (entrada do verão)	Solstício de Inverno (entrada do inverno)
Setembro	Equinócio de Outono (entrada do outono)	Equinócio de Primavera (entrada da primavera)
Dezembro	Solstício de Inverno (entrada do inverno)	Solstício de Verão (entrada do verão)

Definição 3.35. *(Ascensão Reta) - Ascensão reta é o arco medido sobre o Equador celeste, com origem no meridiano que passa pelo ponto de Áries e fim no meridiano do astro. Denotado por α, varia entre $0°$ e $360°$, medido no sentido direto.*

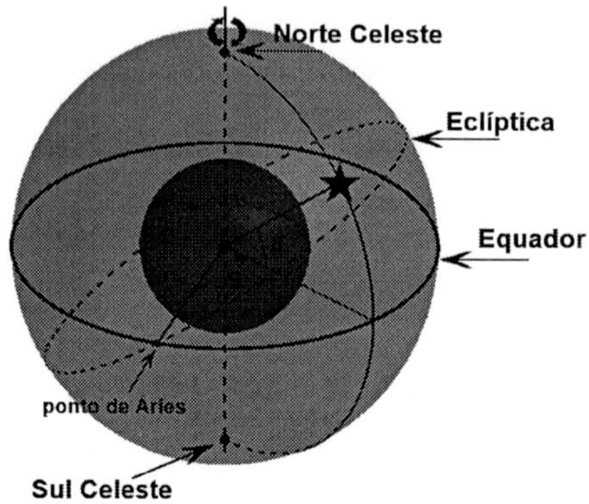

Observe a figura ao lado:

$$0° \leq \alpha \leq 360°.$$

Observação 3.36. *Também é comum a coordenada ascensão reta ser medida em horas: $0h \leq \alpha \leq 24h$.*

Definição 3.37. *(Declinação) - Declinação é o arco medido sobre o meridiano do astro, com origem no equador celeste e extremidade no astro. Denotada por δ e com medida entre $-90°$ e $90°$.*

Observe a figura anterior:

$$-90° \leq \delta \leq 90°.$$

Definição 3.38. *(Distância Polar) - Denomina-se o complemento da declinação como distância polar, isto é, o arco sobre o meridiano do astro com origem no Polo Norte e fim no astro. Denotada por Δ e com medida entre $0°$ e $180°$.*

De acordo com a Definição 3.38, tem-se:

$$\delta + \Delta = 90°$$

e

$$0° \leq \Delta \leq 180°.$$

Observação 3.39. *O sistema equatorial não depende do lugar e instante de observação.*

3.3.2.1 Relação entre as coordenadas Retilíneas e Equatoriais:

Como referencial considere os eixos ortogonais tendo como origem o centro da esfera celeste no centro da Terra, conforme a figura seguinte, onde o eixo z é o eixo do mundo, a linha dos equinócios é o eixo y e a linha dos solstícios é o eixo x. Dessas informações têm-se:

Do triângulo OPB (o ponto B é a projeção ortogonal de P sobre o plano do Equador e C é a projeção de B no eixo y), tem-se:

$$z = PB = OP.\,\text{sen}(\delta) = r.\,\text{sen}(\delta).$$

Do triângulo OPB, tem-se:

$$OB = r.\cos(\delta). \tag{3.5}$$

Do triângulo OBC, tem-se:

$$y = OC = OB.\cos(\alpha). \tag{3.6}$$

Das Equações (3.5) e (3.6), segue:

$$y = r.\cos(\delta).\cos(\alpha).$$

Do triângulo OBC, tem-se:

$$x = CB = OB.\,\text{sen}(\alpha). \tag{3.7}$$

Das Equações (3.5) e (3.7), segue:

$$x = r.\cos(\delta).\,\text{sen}(\alpha).$$

Deste modo, considerando o referencial adotado, tem-se a seguinte relação entre as coordenadas retilíneas e as equatoriais:

$$\begin{cases} x = r.\cos(\delta).\,\text{sen}(\alpha) \\ y = r.\cos(\delta).\cos(\alpha) \\ z = r.\,\text{sen}(\delta) \end{cases}.$$

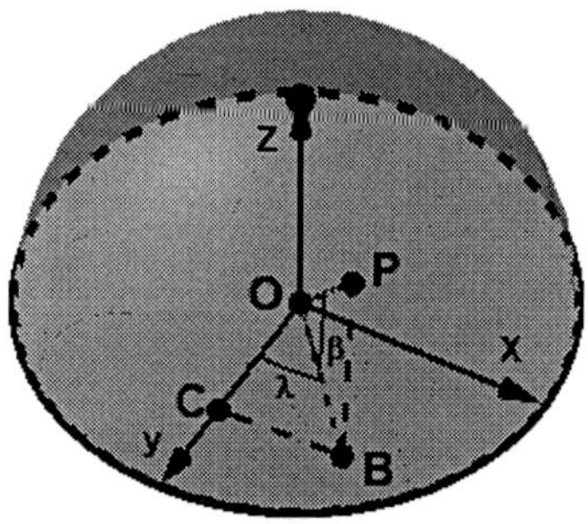

A Figura 3.3 exibe uma comparação das Coordenadas Horizontais e Coordenadas Equatoriais referentes a um mesmo astro.

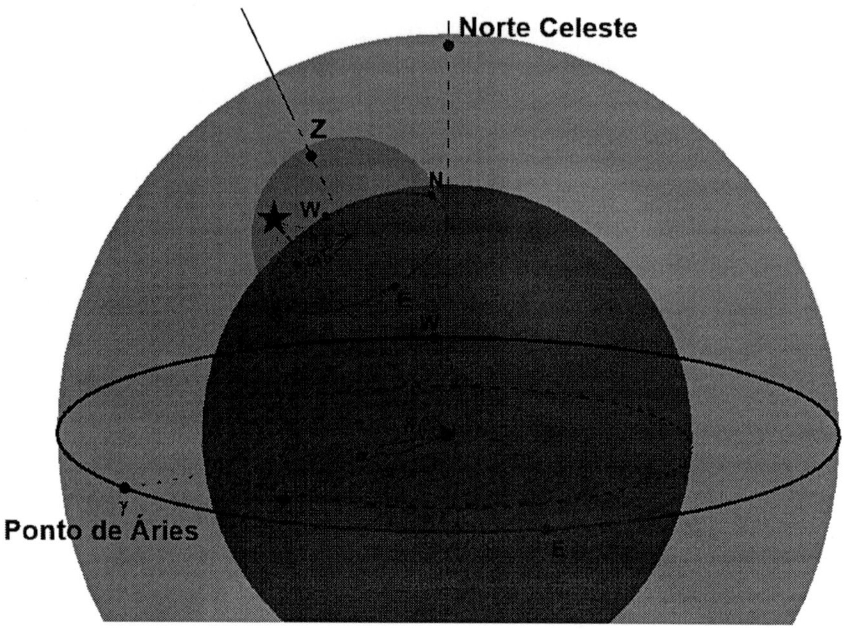

Figura 3.3: Coordenadas Horizontais e Equatoriais.

3.3.3 Coordenadas Eclípticas

Neste sistema de coordenadas, o plano principal é o plano da Eclíptica. As coordenadas principais são a Latitude Celeste e a Longitude Celeste[6].

Definição 3.40. *(Círculo de Longitude) - Chama-se círculo de longitude qualquer círculo máximo que contenha os polos*[7] *da Eclíptica.*

[6] Ao longo do texto, se utilizará apenas Latitude e Longitude, quando não houver risco de confusão.

[7] Se necessário, confira a Definição 1.19 no Capítulo 1.

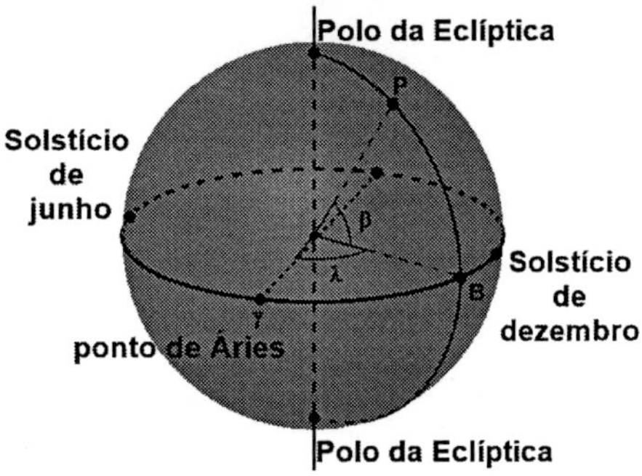

Definição 3.41. *(Latitude Celeste) - É a medida do círculo de longitude compreendida entre a Eclíptica e o astro. Denotada pela letra β, varia de $-90°$ a $90°$ a partir da Eclíptica.*

De acordo com a figura ao lado, o arco $\overset{\frown}{BP}$ representa a latitude celeste do ponto P:

$$-90° \leq \beta \leq 90°.$$

A latitude do Sol é constantemente nula por mover-se sobre a Eclíptica. A latitude do polo norte é igual a $66°33'$ e o eixo do mundo e a curva Eclíptica formam um ângulo de $23°27'$.

Definição 3.42. *(Longitude Celeste) - Longitude celeste é a medida do arco compreendido entre o ponto de Áries e o círculo de longitude que contém o astro. Denotada pela letra λ, varia de $0°$ a $360°$ a partir do ponto de Áries, no sentido direto.*

Vide figura anterior, o arco entre γ e B determina a longitude celeste do ponto P:

$$0° \leq \lambda \leq 360°.$$

Observação 3.43. *As longitudes do Sol no início de cada estação do ano, coincide com a sua ascensão reta.*

- *21 de março $\lambda = 0°$ (Sol no ponto de Áries);*
- *21 de junho $\lambda = 90°$ (Sol no solstício de junho);*
- *23 de setembro $\lambda = 180°$ (Sol no ponto de Libra);*
- *21 de dezembro $\lambda = 270°$ (Sol do solstício de dezembro).*

Observação 3.44. *As coordenadas eclípticas são utilizadas quando são estudados fenômenos que dependem do movimento de translação do planeta Terra.*

3.3.3.1 Relação entre as coordenadas Retilíneas e as Eclípticas:

Como referencial considere eixos ortogonais tendo como origem o centro da esfera celeste no centro da Terra, conforme a figura seguinte, onde o eixo x é a linha onde ocorrem os solstícios e o eixo y é a linha onde ocorrem os equinócios (pontos de Áries e Libra). Dessas informações têm-se:

Do triângulo OPB (o ponto B é a projeção ortogonal de P sobre o plano eclíptico e C é a projeção de B no eixo y), tem-se:

$$z = PB = OP.\,\text{sen}(\beta) = r.\,\text{sen}(\beta). \tag{3.8}$$

Do triângulo OPB, tem-se:

$$OB = r.\cos(\beta). \tag{3.9}$$

Do triângulo OBC, tem-se:

$$y = OC = OB.\cos(\lambda). \tag{3.10}$$

Das Equações (3.9) e (3.10), segue:

$$y = r.\cos(\beta).\cos(\lambda).$$

Do triângulo OBC, tem-se:

$$x = CB = OB.\,\text{sen}(\lambda). \tag{3.11}$$

Das Equações (3.9) e (3.11), segue:

$$x = r.\cos(\beta).\,\text{sen}(\lambda).$$

Deste modo, considerando o referencial adotado, tem-se a seguinte relação entre as coordenadas retilíneas e as equatoriais:

$$\begin{cases} x = r.\cos(\beta).\,\text{sen}(\lambda) \\ y = r.\cos(\beta).\cos(\lambda) \\ z = r.\,\text{sen}(\beta) \end{cases}.$$

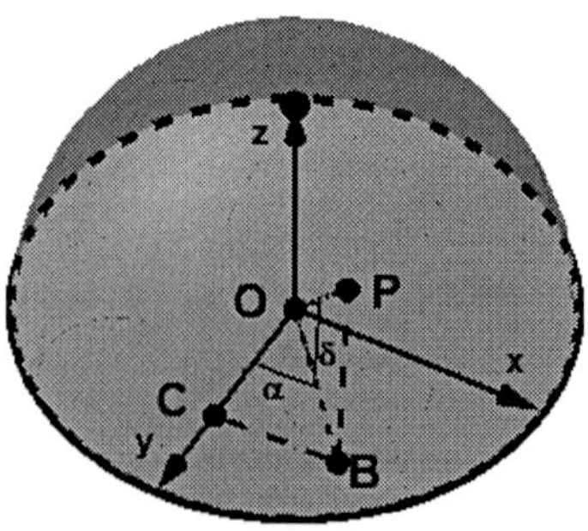

3.3.4 Coordenadas Horárias

O sistema de coordenadas horárias, assim como o sistema equatorial, têm como plano fundamental o plano do Equador. Neste caso, as coordenadas principais são a Declinação e o Ângulo Horário.

A declinação é a mesma definida para coordenadas equatoriais (Definição 3.37). De acordo com a figura seguinte, o arco $\widehat{PB}$ representa a declinação do astro P:

$$-90^\circ \leq \delta \leq 90^\circ.$$

Definição 3.45. *(Ângulo Horário) - Chama-se ângulo horário a medida do arco ao longo do equador medido entre o círculo de declinação do astro e o meridiano local. Denotado por H, varia de* 0° *até* 360° *no sentido retrógrado.*

Na figura ao lado, o arco $\widehat{BS}$ representa o ângulo horário do astro P:

$$0^\circ \leq H \leq 360^\circ.$$

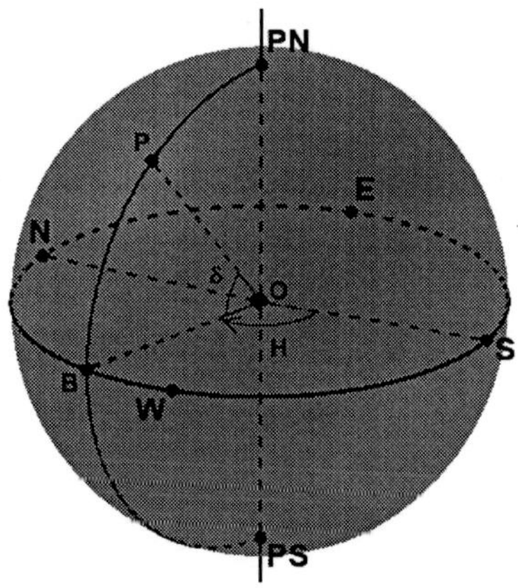

Observação 3.46. *Também é comum a coordenada ângulo horário ser medida em horas:* $0h \leq H \leq 24h$.

Observação 3.47. *O sistema horário de coordenadas não depende do lugar e instante de observação.*

3.4 Medida do Tempo e Movimento Aparente

3.4.1 Generalidades sobre Medida do Tempo

A medida do tempo baseia-se no movimento de rotação da Terra, que causa a rotação aparente da esfera celeste.

3.4.1.1 Tempo Sideral

O tempo sideral baseia-se no movimento aparente do ponto de Áries.

Definição 3.48. *(Hora sideral) - Denomina-se hora sideral, denotada por Hs, o arco compreendido entre o meridiano local e o ponto de Áries, isto é, hora sideral é o ângulo horário do ponto de Áries. Observe a figura (a) ao lado.*

Observação 3.49. *Para um dado astro, conforme ilustra a figura (b) ao lado, tem-se que* $Hs = H_* + \alpha_*$*, onde* H_* *é o ângulo horário do astro e* α_* *é a ascensão reta do astro.*

Definição 3.50. *(Dia sideral) - Denomina-se dia sideral o intervalo de tempo decorrido entre duas passagens sucessivas do ponto de Áries pelo meridiano local. O dia sideral é constante em duração e equivale ao tempo de uma rotação da Terra em torno do próprio eixo.*

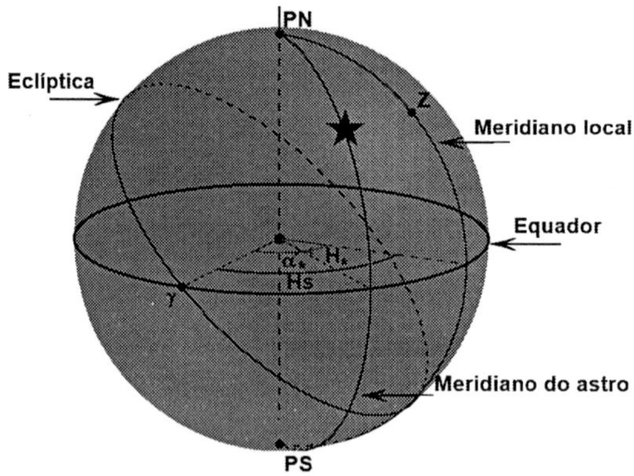

(a)

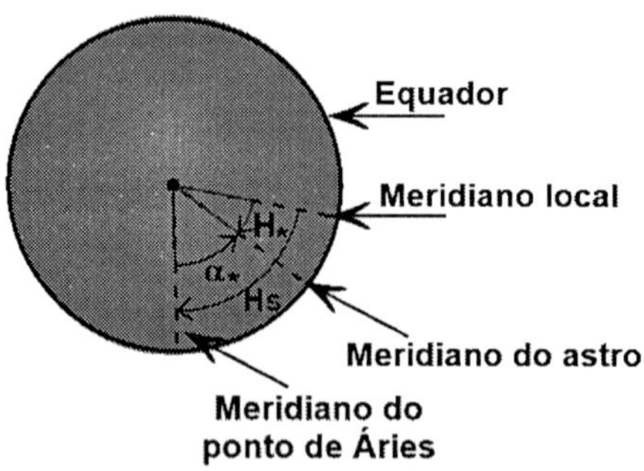

(b)

3.4.1.2 Tempo Solar

O tempo solar baseia-se no movimento aparente do Sol. Denota-se por $H_{\odot}$ o ângulo horário solar, isto é, o arco compreendido entre o meridiano local e o Sol.

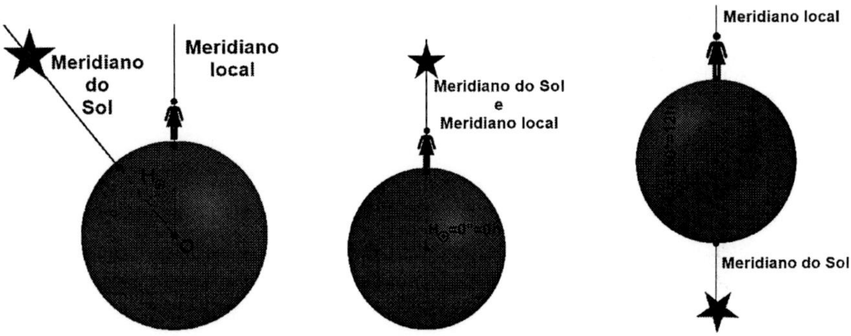

(c) $T_{\odot} = H_{\odot} + 12h$ (d) $T\odot = 12h$ (e) $T_{\odot} = 24h$

Figura 3.4: Hora solar verdadeira.

Definição 3.51. *(Hora Solar Verdadeira) - Denomina-se hora solar verdadeira, denotada por $T_{\odot}$, o ângulo horário do Sol acrescido de 12h.*

Definição 3.52. *(Hora Solar Média) - Denomina-se hora solar média, também conhecida como hora civil, denotada por $T_{\overline{\odot}}$, o ângulo horário do Sol médio acrescido de 12h.*

O Sol médio é um Sol fictício que se move ao longo da linha do Equador celeste. Enquanto o Sol verdadeiro se movimenta ao longo da eclíptica com uma velocidade não uniforme, o Sol médio se movimenta com velocidade uniforme. O conceito do Sol médio foi criado justamente porque para medir o tempo baseado no Sol, seria melhor que o mesmo se movimentasse em velocidade uniforme. Pode-se pensar no Sol médio como uma projeção aproximada do Sol verdadeiro ao longo do Equador celeste. Todavia, não passa de uma aproximação, pois os movimentos podem não estar sincronizados dependendo da época do ano.

Definição 3.53. *A diferença entre a hora solar verdadeira e a hora solar média é denominada equação do tempo. Pode ser expressa como: $E = T_{\odot} - T_{\overline{\odot}}$.*

Observação 3.54. *Acrescenta-se 12h ao ângulo horário na Definição 3.51 pois o Sol com o Sol a pico teria* $H_{\odot} = 0h$. *Todavia, o ideal seria com o Sol a pico ocorrer* $H_{\odot} = 12h$ *conforme o relógio terrestre. Para sanar esse inconveniente, soma-se 12h ao ângulo horário, o que leva* $T_{\odot} = H_{\odot} + 12h = 0h + 12h$, *ou seja,* $T_{\odot} = 12h$ *neste ponto. Dessa forma, com tal correção, tem-se* $T_{\odot} = 0h$ *à meia noite e* $T_{\odot} = 12h$ *ao meio dia. Acrescenta-se 12h ao ângulo horário na Definição 3.52 pelas mesmas razões.*

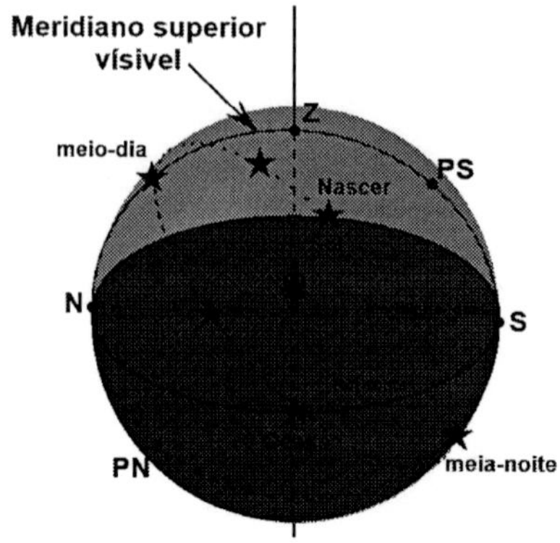

As figuras anteriores apresentam, respectivamente, a hora solar verdadeira e a passagem completa do Sol verdadeiro.

Definição 3.55. *(Dia solar) - Denomina-se dia solar o intervalo de tempo decorrido entre duas passagens sucessivas do Sol pelo meridiano local.*

O Sol tem sua primeira passagem no meridiano local ao meio-dia (meridiano local superior) e sua segunda passagem no meridiano local a meia-noite (meridiano local inferior). Dessa forma, nota-se que o dia solar possui 12h.

Observação 3.56. *O dia solar tem 3min e 56s a mais que o dia sideral. Essa diferença ocorre pois o movimento de translação da Terra é de* $0,986°$ *(3min e 56s) por dia.*

Como o ângulo horário é variável para diferentes locais, uma vez que o Zênite muda, o tempo solar verdadeiro muda de local para local.

Os dias solares médios são iguais entre si devido a velocidade angular constante, porém, o movimento do Sol na Eclíptica não possui dias solares verdadeiros iguais entre si, este fato ocorre em decorrência do Sol não possuir velocidade angular constante.

Por outro lado, o ano solar médio é igual ao ano solar verdadeiro, pois, o movimento do Sol na Eclíptica é anualmente periódico.

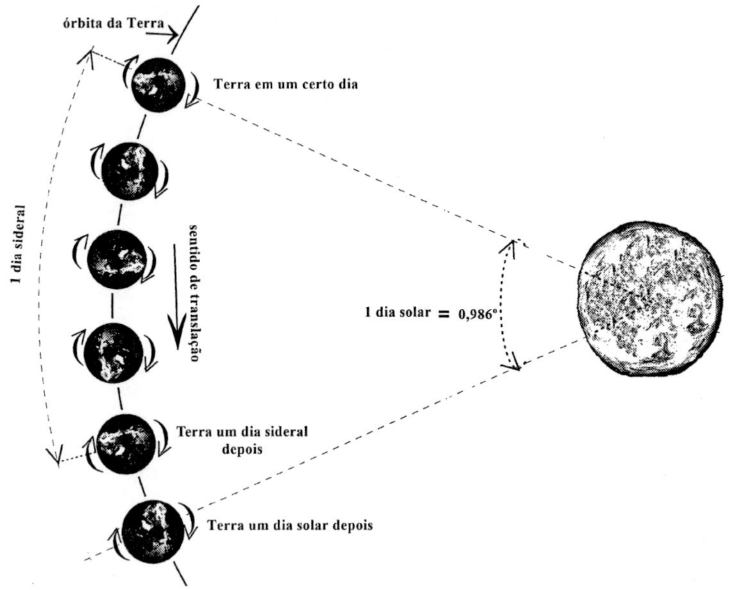

Definição 3.57. *(Hora universal) - Denomina-se hora universal, denotada por T_C, a hora solar média (hora civil) no meridiano de Greenwich.*

3.4.1.3 Fusos Horários

Pela Definição 3.52, lugares com longitudes diferentes têm horas diferentes. Historicamente cada nação tinha sua hora específica de acordo com seu meridiano local. Para a correção desse fenômeno adotou-se o convênio internacional dos fusos horários.

Cada fuso compreende 15° que equivale a 1h. O fuso zero é o meridiano de Greenwich, onde a partir deste mede-se de 0h a +12h para o leste e de 0h a -12h para oeste. Por motivos geográficos e políticos, os fusos atualmente não possuem espaçamento padronizado. Os fusos são adaptados regionalmente seguindo fronteiras ou divisões arbitrárias, conforme a divisão apresentada na Figura 3.5.

Definição 3.58. *(Hora legal) - Denomina-se hora legal a hora civil indicada pelo fuso horário.*

Observação 3.59. *O Brasil possui quatro fusos horários oficiais diferentes:*

- *-2h: Arquipélagos e ilhas localizadas no oceano Atlântico;*
- *-3h: Rio Grande do Sul, Santa Catarina, Paraná, São Paulo, Rio de Janeiro, Minas Gerais, Espírito Santo, Goiás, Distrito Federal, Tocantins, Bahia, Sergipe, Alagoas, Pernambuco, Paraíba, Rio Grande do Norte, Ceará, Piauí, Maranhão, leste do Pará e Amapá;*
- *-4h: Mato Grosso do Sul, Mato Grosso, Rondônia, leste do Amazonas, oeste do Pará e Roraima;*
- *-5h: oeste do Amazonas e Acre.*

Ainda tratando-se de Brasil, o país adotou o horário de Verão até o ano de 2018, que consiste em adiantar os relógios em 1 hora, para que haja uma economia energética nos horários de pico. Com essa medida, os estados do Rio Grande do Sul, Santa Catarina, Paraná, São Paulo, Rio de Janeiro, Espírito Santo, Minas Gerais, Goiás e Distrito Federal passavam a integrar o fuso horário de -2h. Já os estados do Mato Grosso e Mato Grosso do Sul passavam a integrar o fuso horário de -3h. Os estados não citados não sofriam alterações durante o horário de verão brasileiro. No ano de 2019, o então Presidente da República assinou um decreto extinguindo essa prática.

Para denominar o fuso horário de um determinado lugar, pode-se utilizar também o Tempo Universal Coordenado (UTC), antigo GMT - Greenwich Meridian Time (ou Tempo Zulu para os militares). O UTC também é conhecido como hora civil (vide Definição 3.57). Dessa forma, tem-se que: $UTC_\lambda - 0 = T_c + \lambda$, onde T_c é a hora local no meridiano de Greenwich e λ é longitude medida em horas à partir do meridiano de Greenwich.

Por exemplo: Seja $Tc = 17h45min$. Em São Paulo será: $UTC_{-3} = 17h45min - 3h = 14h45min$, pois sabe-se que o fuso horário de São Paulo em relação a Greenwich é -3h.

Observação 3.60. *Existem outros sistemas de medida de tempo, como o UT1 e o UT2, que levam em consideração, respectivamente, a correção do movimento dos polos e a correção dos efeitos sazonais*[8].

[8]Relativo as estações.

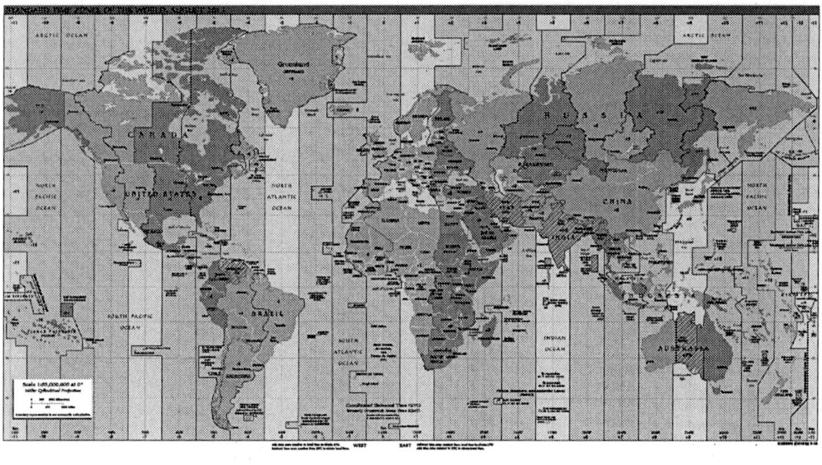

Figura 3.5: Fusos horários do mundo (Domínio público: United States Central Intelligence Agency (CIA), 2013).

3.4.2 Generalidades sobre o Movimento Aparente

Na Idade Média, existiam duas teorias a respeito do movimento diurno dos astros. A primeira explicava que este movimento dava-se por meio da imobilidade da Terra e movimento dos corpos celestes ao redor do eixo do mundo no sentido anti-horário; já a segunda categorizava-se no movimento de rotação da Terra, resultando em um movimento aparente dos astros do oriente para ocidente. Os filósofos Aristóteles (384-322 a.C) e Ptolomeu (85-165 d.C) defendiam a primeira explicação por meio da teoria do Geocentrismo, considerando que a Terra era fixa e que os astros, inclusive o Sol, orbitavam em torno da Terra. Essa Teoria do Geocentrismo veio a ser rebatida pelo físico e astrônomo Copérnico (1473-1543), que refutou a primeira explicação e embasou a segunda explicação sobre o movimento diurno dos astros com o modelo heliocêntrico, que já havia sido defendido por Aristarco de Samos (310-230 a.C) na antiguidade.

Sabe-se que o movimento de rotação da Terra se dá de oeste para leste, logo tem-se a impressão de que a esfera celeste e os astros realizam um movimento de leste para oeste. Tal movimento contrário ao de rotação da Terra é denominado movimento aparente da esfera celeste. Por conta do movimento aparente, pode-se observar o orto (nascer), culminância e ocaso (pôr), que são pontos específicos na trajetória de um astro.

Definição 3.61. *(Orto de um astro) - Define-se por orto (nascer) o instante em que o astro aparece no horizonte.*

Definição 3.62. *(Ocaso de um astro) - Define-se por ocaso (pôr) o instante em que o astro desaparece no horizonte.*

Note que tanto no orto quanto no ocaso de um astro, em coordenadas horizontais, sua altura é zero e consequentemente sua distância zenital é 90°.

Definição 3.63. *(Culminância de um astro) - Define-se como culminância o ponto em que o astro acima do horizonte atinge sua altura máxima.*

Definição 3.64. *(Astros Circumpolares) - Alguns astros desenham na esfera celeste um círculo completo visível ao observador, tais astros, que não possuem orto e nem ocaso, são chamados de circumpolares.*

Devido ao movimento aparente da esfera celeste, os astros descrevem no céu arcos de circunferências paralelos ao Equador. A orientação desses arcos em relação ao horizonte depende da latitude do lugar onde encontra-se o observador.

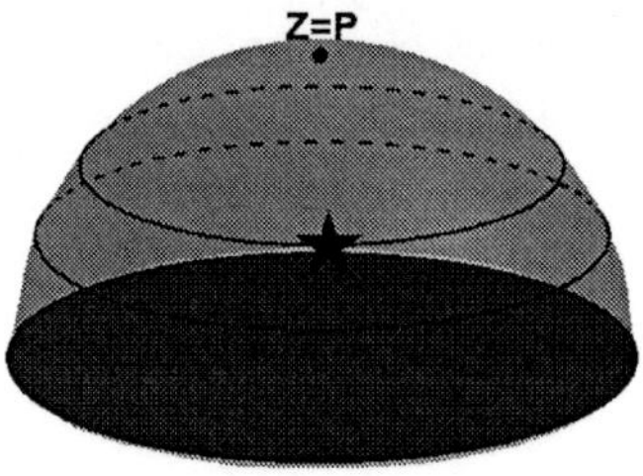

(a) $\phi = 90°$

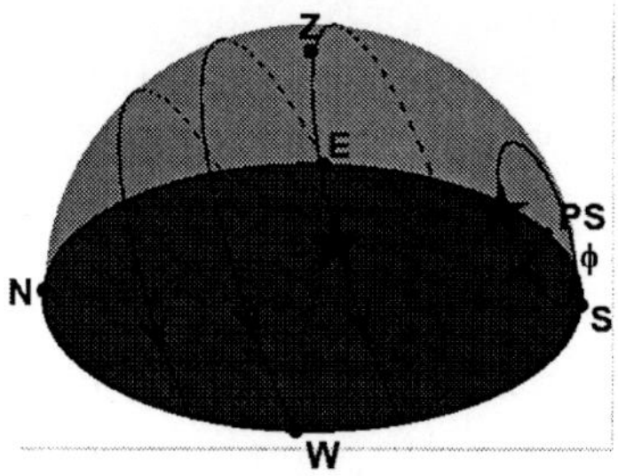

(b) *Latitude* $= \phi$

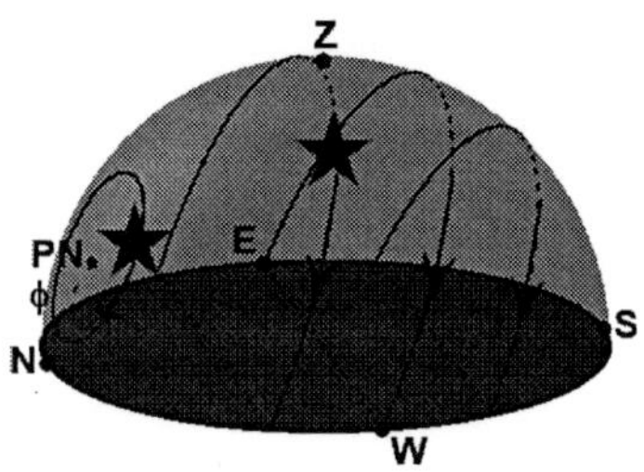

(c) *Latitude* $= \phi$

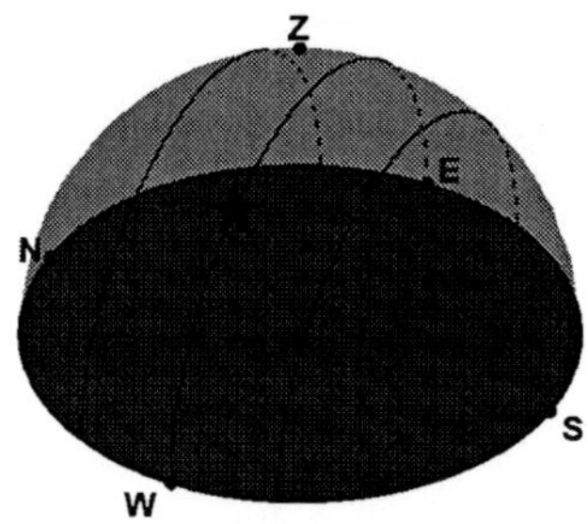

(d) $\phi = 0°$

Dessa maneira, pode-se considerar o observador posicionado nos polos (latitudes $\phi = \pm 90°$), no Equador (latitude $\phi = 0°$) ou em alguma latitude intermediária (latitude $\phi \in (-90°, 0°) \cup (0°, 90°)$):

- **Nos polos** - Neste caso, todas as estrelas são circumpolares. Essas estrelas são visíveis por 24 horas acima do horizonte e descrevem uma trajetória paralela ao horizonte (vide figura (a)). Com latitudes $\phi = \pm 90°$ (hemisfério norte ou hemisfério sul com o Zênite do observador nos polos), as estrelas de hemisférios opostos não podem ser vistas.

- **Latitude intermediária** - Algumas estrelas possuem orto e ocaso, outras são circumpolares (vide figuras (b) e (c)). Com latitude $\phi \in (-90°, 0°) \cup (0°, 90°)$, as estrelas visíveis descrevem trajetória com certa inclinação em relação ao plano do horizonte, dependendo da latitude do lugar.

- **No Equador** - Neste caso, todas as estrelas possuem orto e ocaso. Permanecem 12 horas no horizonte superior e 12 horas no horizonte inferior (vide Figura (d)). Com latitude $\phi = 0°$, as trajetórias são arcos perpendiculares ao plano do horizonte e todas as estrelas permanecem visíveis ao longo do ano em ambos os hemisférios.

Definição 3.65. *(Dia de uma estrela) - Define-se como dia de uma estrela o período que essa estrela passa acima do horizonte durante sua trajetória no movimento aparente.*

Definição 3.66. *(Noite de uma estrela) - Define-se como noite de uma estrela o período que essa estrela passa abaixo do horizonte durante sua trajetória no movimento aparente.*

Observação 3.67. *Estrelas circumpolares não têm a divisão de dia e noite. As estrelas na latitude do Equador, possuem 12 horas siderais durante o seu dia e 12 horas siderais durante a sua noite. As estrelas em latitude intermediária possuem o tempo do dia e da noite complementares (dia + noite = 24 horas siderais).*

Os astros que estão na esfera celeste giram com a esfera celeste em sentido contrário à rotação da Terra, com movimento circular, uniforme, isócrono, em trajetórias paralelas entre si. Estrelas em tempos iguais percorrem arcos iguais, consequentemente, sendo a velocidade angular constante, a velocidade linear é alterada, isto é, estrelas mais próximas dos polos celestes se movem mais rapidamente que as mais próximas do Equador celeste. Além disso, todas as estrelas demoram 24 horas siderais para completar uma volta de 360°.

Pela Observação 3.67, tem-se que o Sol percorre 360° em 24 horas siderais, desta forma sabe-se que a velocidade aparente do Sol é:

$$V_a = \frac{360°}{24h} = 15°/h.$$

Diferente dos outros astros, o Sol não possui círculo diurno constante, ou seja, este se aproxima ou se afasta do Equador celeste conforme a época do ano. A declinação do círculo diurno do Sol varia no ciclo do ano entre -23,5° e +23,5°. A lua e os planetas do sistema solar também variam sua posição entre as estrelas ao longo do ano, logo não possuem círculo diurno fixo. Isto ocorre porque estes astros estão muito mais próximos da Terra que os outros considerados na esfera celeste.

3.4.2.1 Altura do Polo em Relação ao Horizonte

Para calcular a altura do polo em relação ao horizonte, primeiramente, deve-se observar o teorema a seguir.

Teorema 3.68. *A altura do polo celeste sobre o horizonte é igual ao módulo da latitude geográfica do local de observação.*

Demonstração. Considere a representação das retas PP' como eixo do mundo (P e P' são os polos celestes), HH' como horizonte do observador, QQ' como Equador e ZN como a vertical do observador, conforme a figura seguinte. Observa-se que o arco $\widehat{QZ}$ representa o módulo da latitude geográfica ϕ do local do observador, uma vez que é o arco do Zênite do observador até o Equador.

Observa-se que a reta QO é perpendicular à reta OP (Equador e eixo do mundo) e que a reta OZ é perpendicular à reta OH (vertical e horizonte do observador), então $Q\widehat{O}Z + Z\widehat{O}P = 90°$ e $Z\widehat{O}P + P\widehat{O}H = 90°$. Dessa forma,

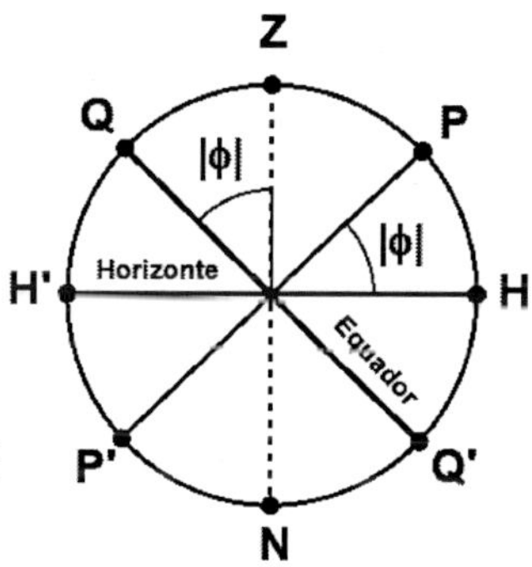

$$Q\widehat{O}Z + Z\widehat{O}P = Z\widehat{O}P + P\widehat{O}H \implies Q\widehat{O}Z = P\widehat{O}H$$

Sabe-se que $Q\widehat{O}Z = |\phi|$ é o módulo da latitude geográfica do local, por outro lado $P\widehat{O}H$ é a altura do polo em relação ao horizonte do observador. Sendo assim:

$$Q\widehat{O}Z = P\widehat{O}H = |\phi|.$$

Logo a altura do polo celeste é igual ao módulo da latitude geográfica do lugar do observador. □

A partir da latitude geográfica ϕ, pode-se então calcular a altura do polo celeste e vice-versa.

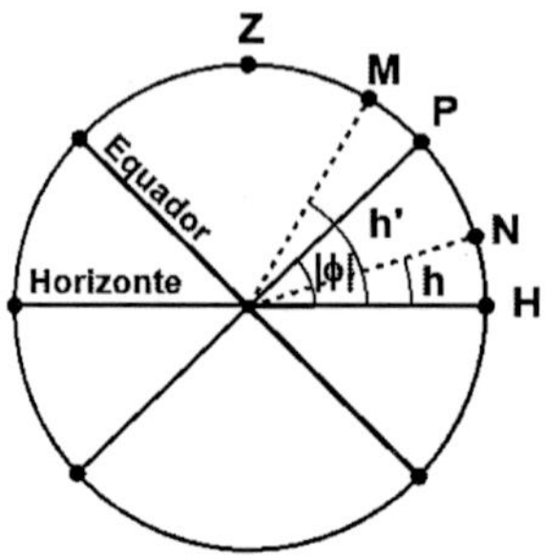

Considere uma estrela circumpolar que passa por dois pontos M e N em um mesmo meridiano, de forma que sua altura máxima (h') ocorra em M e sua altura mínima (h) ocorra em N, conforme a figura ao lado.

Pela situação proposta, os pontos M e N estão localizados de modo que o o eixo do mundo divide o arco $\widehat{\mathrm{MN}}$ no polo celeste visível. Logo:

$$\widehat{\mathrm{PM}} = \widehat{\mathrm{PN}}. \tag{3.12}$$

Tem-se que:

$$\widehat{\mathrm{PH}} = \widehat{\mathrm{PN}} + \widehat{\mathrm{NH}} \tag{3.13}$$

$$\widehat{\mathrm{PH}} = \widehat{\mathrm{MH}} - \widehat{\mathrm{PM}}. \tag{3.14}$$

Substituindo a Equação (3.12) na Equação (3.14), tem-se:

$$\widehat{\mathrm{PH}} = \widehat{\mathrm{MH}} - \widehat{\mathrm{PN}}. \tag{3.15}$$

Agora, somando as Equações (3.13) e (3.15), tem-se:

$$2\widehat{\mathrm{PH}} = \widehat{\mathrm{MH}} + \widehat{\mathrm{NH}}.$$

Isto é:

$$|\phi| = \frac{h + h'}{2}. \tag{3.16}$$

A Equação (3.16) fornece o módulo da latitude geográfica do local de observação, ou seja, a altura do polo em relação ao horizonte. Para ϕ no hemisfério norte, deve-se usar o sinal positivo e no hemisfério sul, o sinal negativo.

Capítulo 4

O Triângulo de Posição Astronômico

Os conceitos introduzidos nos capítulos anteriores estabelecem uma base sólida para explorar interações complexas na astronomia. A conexão entre a Distância Zenital, o Azimute, o Ângulo Horário e a Declinação oferece uma abordagem integrada para compreender as posições celestiais e terrestres. Essa relação bidirecional permite determinar a localização geográfica de um lugar com base nas coordenadas de um astro e vice-versa, enriquecendo nossa compreensão do espaço celeste e terrestre de forma interconectada.

Além disso, a aplicação prática desses conceitos se estende ao estudo analítico do movimento diurno. Através dessa análise, é possível desvendar padrões e fenômenos relacionados ao movimento aparente dos astros no céu, enriquecendo a exploração astronômica. Essa exploração vai além ao possibilitar a elaboração de uma fórmula que viabiliza o cálculo da distância angular entre dois astros. No entanto, para realizar tais avanços, é crucial estabelecer uma definição sólida do triângulo de posição astronômico, uma ferramenta fundamental para a compreensão detalhada desses fenômenos celestes e sua aplicação prática.

Definição 4.1. *(Triângulo de Posição Astronômico) - Denomina-se triângulo de posição astronômico de um astro, o triângulo situado na esfera celeste cujos vértices são o astro, o Zênite do observador e o polo elevado (polo localizado acima do horizonte).*

É necessário atentar-se que, conforme variam as posições do observador e do astro observado, as medidas dos lados do triângulo de posição astronômico são alteradas. Isto ocorre uma vez que a latitude geográfica do observador ϕ é positiva quando o observador encontra-se no hemisfério norte e negativa quando esse encontra-se no hemisfério sul; da mesma forma, a declinação do astro δ é positiva quando o astro encontra-se no hemisfério norte e é negativa quando o astro encontra-se no hemisfério sul. Existem quatro casos a serem considerados: "$\phi > 0$ e $\delta > 0$", "$\phi < 0$ e $\delta < 0$", "$\phi < 0$ e $\delta > 0$" e "$\phi > 0$ e $\delta < 0$".

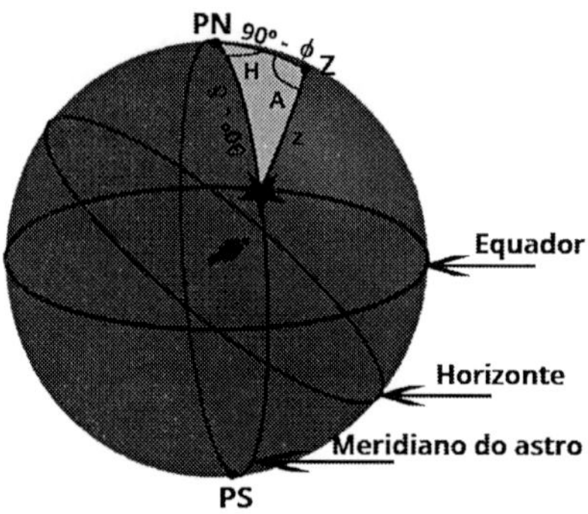

No primeiro caso, quando $\phi > 0$ e $\delta > 0$, tem-se que:

- O arco compreendido entre o zênite e o polo mede $90° - \phi$;
- O arco compreendido entre o polo e o astro mede $90° - \delta$.

No segundo caso, quando $\phi < 0$ e $\delta < 0$, tem-se que:

- O arco compreendido entre o zênite e o polo mede $90° - |\phi|$ (ou $90° + \phi$);
- O arco compreendido entre o polo e o astro mede $90° - |\delta|$ (ou $90° + \delta$).

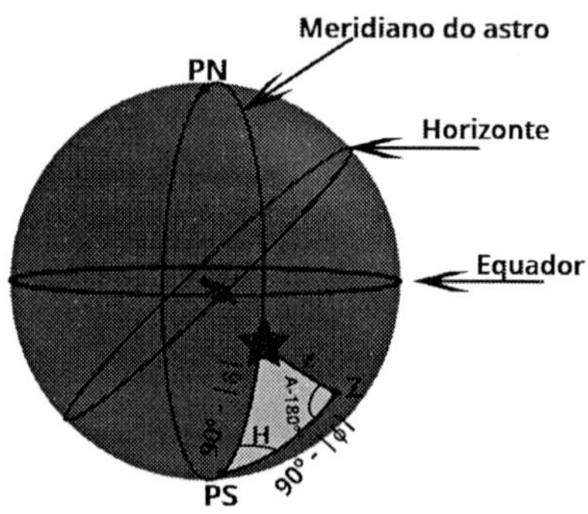

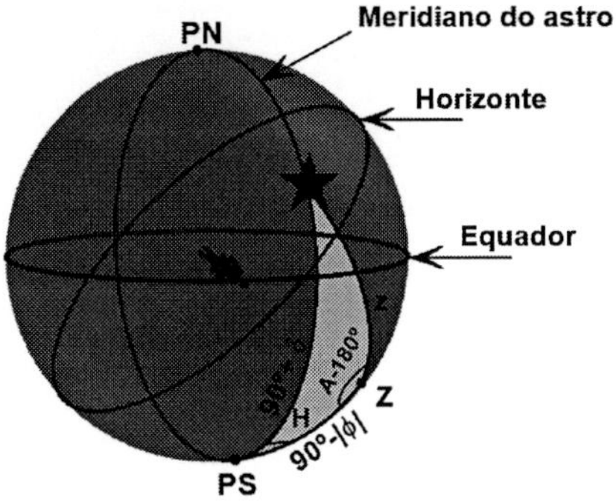

No terceiro caso, quando $\phi < 0$ e $\delta > 0$, tem-se que:

- O arco compreendido entre o zênite e o polo mede $90° - |\phi|$ (ou $90° + \phi$);
- O arco compreendido entre o polo e o astro mede $90° + \delta$.

No quarto caso, quando $\phi > 0$ e $\delta < 0$, tem-se que:

- O arco compreendido entre o zênite e o polo mede $90° - \phi$;
- O arco compreendido entre o polo e o astro mede $90° + |\delta|$ (ou $90° - \delta$).

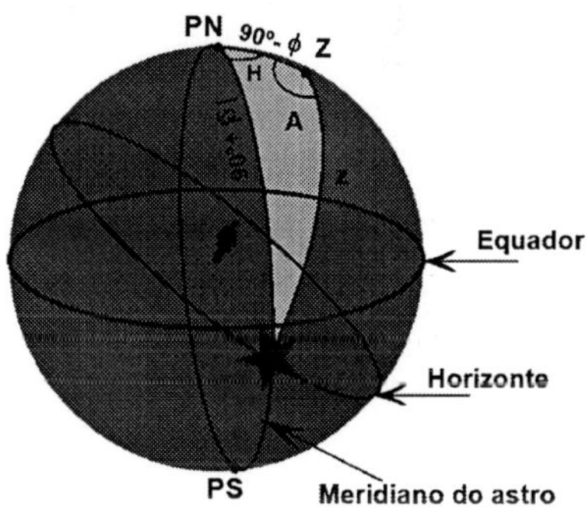

Além disso:

- O arco entre o zênite e o astro é a distância zenital z do astro;
- O ângulo com vértice no zênite mede o azimute A do astro quando no hemisfério norte, quando o zênite encontra-se no hemisfério sul este ângulo mede $A - 180°$;
- O ângulo com vértice no polo mede o ângulo horário H do astro;
- O ângulo com vértice no astro é denominado ângulo paraláctico.

4.1 Relações entre Coordenadas

Relacionamos as coordenadas com o seguinte Teorema:

Teorema 4.2. *A distância zenital z, o ângulo horário H, o azimute A e a declinação δ são sempre as mesmas, regidas conforme as fórmulas seguintes:*

$$\cos(z) = sen(\phi).\, sen(\delta) + \cos(\phi).\cos(\delta).\cos(H), \tag{4.1}$$

$$sen(\delta) = sen(\phi).\cos(z) + \cos(\phi).\, sen(z).\cos(A), \tag{4.2}$$

$$sen(H).\cot(A) = tg(\delta).\cos(\phi) - sen(\phi).\cos(H), \tag{4.3}$$

$$sen(z).\cos(A) = \cos(\phi).\, sen(\delta) - sen(\phi).\cos(\delta).\cos(H), \tag{4.4}$$

$$\cos(\delta).\cos(H) = \cos(\phi).\cos(z) - sen(\phi).\, sen(z).\cos(A). \tag{4.5}$$

Além disso, quando o observador está no hemisfério norte:

$$sen(z).\, sen(A) = sen(H).\cos(\delta), \tag{4.6}$$

$$sen(A).\cot(H) = \cos(\phi).\cot(z) - sen(\phi).\cos(A). \tag{4.7}$$

E quando o observador está no hemisfério sul:

$$sen(z).\, sen(A) = -\, sen(H).\cos(\delta), \tag{4.8}$$

$$sen(A).\cot(H) = sen(\phi).\cos(A) - \cos(\phi).\cot(z). \tag{4.9}$$

Demonstração. De fato,

Primeiro caso: $\phi > 0$ e $\delta > 0$.

Considere o ponto M o astro, o ponto P o polo norte celeste e o ponto Z o zênite. Sabe-se que z é a distância zenital, A o azimute e H o ângulo horário do astro.

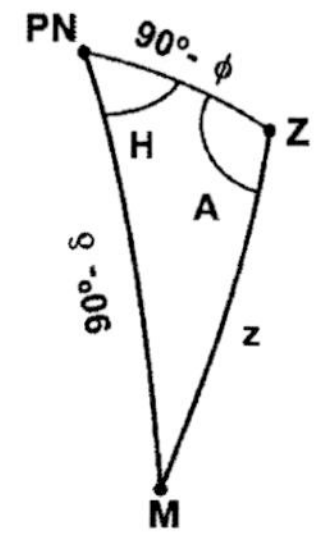

Pelo Teorema 2.1, aplicado ao triângulo de posição astronômico ZMP, observa-se:

$$\cos(z) = \cos(90° - \delta).\cos(90° - \phi) + \text{sen}(90° - \delta).\text{sen}(90° - \phi).\cos(H).$$

Pelas Relações (A.15) e (A.17) do Apêndice A, segue que:

$$\cos(z) = \text{sen}(\phi).\text{sen}(\delta) + \cos(\phi).\cos(\delta).\cos(H).$$

O que prova a Equação (4.1) para o primeiro caso.

Aplicando novamente o Teorema 2.1 ao triângulo de posição astronômico ZMP, observa-se de forma análoga que:

$$\cos(90° - \delta) = \cos(90° - \phi).\cos(z) + \text{sen}(90° - \phi).\text{sen}(z).\cos(A).$$

Pelas Relações (A.15) e (A.17) do Apêndice A, segue que:

$$\text{sen}(\delta) = \text{sen}(\phi).\cos(z) + \cos(\phi).\text{sen}(z).\cos(A).$$

O que prova a Equação (4.2) para o primeiro caso.

Do Teorema 2.9, tem-se:

$$\text{sen}(H).\cot(A) = \text{sen}(90° - \phi).\cot(90° - \delta) - \cos(90° - \phi).\cos(H).$$

Pelas Relações (A.15), (A.17) e (A.20) do Apêndice A:

$$\text{sen}(H).\cot(A) = \text{tg}(\delta).\cos(\phi) - \text{sen}(\phi).\cos(H).$$

O que prova a Equação (4.3) para o primeiro caso.

Partindo do Teorema 2.8, tem-se:

$$\begin{aligned}\text{sen}(z).\cos(A) = {} & \text{sen}(90^\circ - \phi).\cos(90^\circ - \delta) \\ & - \cos(90^\circ - \phi).\text{sen}(90^\circ - \delta).\cos(H).\end{aligned}$$

Pelas Relações (A.15) e (A.17) do Apêndice A:

$$\text{sen}(z).\cos(A) = \cos(\phi).\text{sen}(\delta) - \text{sen}(\phi).\cos(\delta).\cos(H).$$

O que prova a Equação (4.4) para o primeiro caso.
Mais uma vez, do Teorema 2.8, segue:

$$\begin{aligned}\text{sen}(90^\circ - \delta).\cos(H) = {} & \text{sen}(90^\circ - \phi).\cos(z) \\ & - \cos(90^\circ - \phi).\text{sen}(z).\cos(A).\end{aligned}$$

Pelas Relações (A.15) e (A.17) do Apêndice A:

$$\cos(\delta).\cos(H) = \cos(\phi).\cos(z) - \text{sen}(\phi).\text{sen}(z).\cos(A).$$

O que prova a Equação (4.5) para o primeiro caso.
Do Teorema 2.2, aplicado ao triângulo de posição astronômico ZMP, segue:

$$\frac{\text{sen}(z)}{\text{sen}(H)} = \frac{\text{sen}(90^\circ - \delta)}{\text{sen}(A)}.$$

Pela Relação (A.15) do Apêndice A, segue que:

$$\frac{\text{sen}(z)}{\text{sen}(H)} = \frac{\cos(\delta)}{\text{sen}(A)}.$$

Ou seja,

$$\text{sen}(z).\text{sen}(A) = \text{sen}(H).\cos(\delta).$$

O que prova a Equação (4.6) para o primeiro caso.
Novamente, do Teorema 2.9, tem-se:

$$\text{sen}(A).\cot(H) = \text{sen}(90^\circ - \phi).\cot(z) - \cos(90^\circ - \phi).\cos(A).$$

Pelas Relações (A.15) e (A.17) do Apêndice A:

$$\text{sen}(A).\cot(H) = \cos(\phi).\cot(z) - \text{sen}(\phi).\cos(A).$$

O que prova a Equação (4.7) para o primeiro caso.
Segundo caso: $\phi < 0$ e $\delta < 0$.

Considere o ponto M o astro, o ponto P o polo sul celeste e o ponto Z o zênite. Sabe-se que z é a distância zenital, A o azimute e H o ângulo horário do astro.

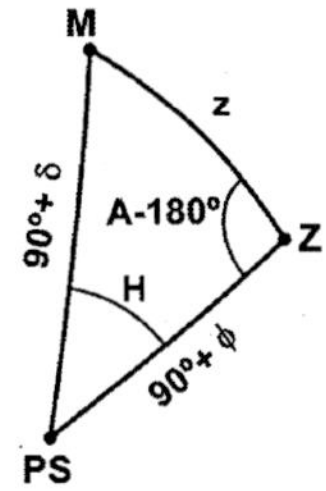

Pelo Teorema 2.1, aplicado ao triângulo de posição astronômico ZMP, observa-se de forma análoga que:

$$\cos(z) = \cos(90^\circ + \delta).\cos(90^\circ + \phi) \\ + \operatorname{sen}(90^\circ + \delta).\operatorname{sen}(90^\circ + \phi).\cos(H).$$

Pelas Relações (A.18) e (A.16) do Apêndice A, segue que:

$$\cos(z) = (-\operatorname{sen}(\delta)).(-\operatorname{sen}(\phi)) + \cos(\delta).\cos(\phi).\cos(H).$$

Implicando

$$\cos(z) = \operatorname{sen}(\phi).\operatorname{sen}(\delta) + \cos(\phi).\cos(\delta).\cos(H).$$

O que prova a Equação (4.1) para o segundo caso.

Aplicando novamente o Teorema 2.1 ao triângulo de posição astronômico ZMP, observa-se de forma análoga que:

$$\cos(90^\circ + \delta) = \cos(90^\circ + \phi).\cos(z) + \operatorname{sen}(90^\circ + \phi).\operatorname{sen}(z).\cos(A - 180^\circ).$$

Pelas Relações (A.11), (A.16), (A.18) e (A.23) e do Apêndice A, segue que:

$$-\operatorname{sen}(\delta) = -\operatorname{sen}(\phi).\cos(z) + \cos(\phi).\operatorname{sen}(z).(-\cos(A)).$$

Isto é

$$-\operatorname{sen}(\delta) = -\operatorname{sen}(\phi).\cos(z) - \cos(\phi).\operatorname{sen}(z).\cos(A).$$

Ou seja,

$$\text{sen}(\delta) = \text{sen}(\phi).\cos(z) + \cos(\phi).\text{sen}(z).\cos(A).$$

O que prova a Equação (4.2) para o segundo caso.
Do Teorema 2.9, tem-se:

$$\begin{aligned}\text{sen}(H).\cot(A - 180^\circ) = {} & \text{sen}(90^\circ + \phi).\cot(90^\circ + \delta) \\ & - \cos(90^\circ + \phi).\cos(H).\end{aligned}$$

Pelas Relações (A.16), (A.18), (A.19) e (A.21) do Apêndice A:

$$-\,\text{sen}(H).\cot(A) = -\,\text{tg}(\delta).\cos(\phi) + \text{sen}(\phi).\cos(H).$$

Implicando

$$\text{sen}(H).\cot(A) = \text{tg}(\delta).\cos(\phi) - \text{sen}(\phi).\cos(H).$$

O que prova a Equação (4.3) para o segundo caso.
Partindo do Teorema 2.8, tem-se:

$$\begin{aligned}\text{sen}(z).\cos(A - 180^\circ) = {} & \text{sen}(90^\circ + \phi).\cos(90^\circ + \delta) \\ & - \cos(90^\circ + \phi).\text{sen}(90^\circ + \delta).\cos(H).\end{aligned}$$

Pelas Relações (A.16), (A.18) e (A.23) do Apêndice A:

$$-\,\text{sen}(z).\cos(A) = -\cos(\phi).\text{sen}(\delta) + \text{sen}(\phi).\cos(\delta).\cos(H).$$

Implicando

$$\text{sen}(z).\cos(A) = \cos(\phi).\text{sen}(\delta) - \text{sen}(\phi).\cos(\delta).\cos(H).$$

O que prova a Equação (4.4) para o segundo caso.
Mais uma vez, do Teorema 2.8, segue:

$$\begin{aligned}\text{sen}(90^\circ + \delta).\cos(H) = {} & \text{sen}(90^\circ + \phi).\cos(z) \\ & - \cos(90^\circ + \phi).\text{sen}(z).\cos(A - 180^\circ).\end{aligned}$$

Pelas Relações (A.16), (A.18) e (A.23) do Apêndice A:

$$\cos(\delta).\cos(H) = \cos(\phi).\cos(z) - \text{sen}(\phi).\text{sen}(z).\cos(A).$$

O que prova a Equação (4.5) para o segundo caso.
Do Teorema 2.2, aplicado ao triângulo de posição astronômico ZMP, segue:

$$\frac{\operatorname{sen}(z)}{\operatorname{sen}(H)} = \frac{\operatorname{sen}(90^\circ + \delta)}{\operatorname{sen}(A - 180^\circ)}.$$

Pelas Relações (A.16) e (A.24) do Apêndice A, segue que:

$$\frac{\operatorname{sen}(z)}{\operatorname{sen}(H)} = \frac{\cos(\delta)}{-\operatorname{sen}(A)}.$$

Ou seja,

$$\operatorname{sen}(z).\operatorname{sen}(A) = -\operatorname{sen}(H).\cos(\delta).$$

O que prova a Equação (4.8) para o segundo caso.
Novamente, do Teorema 2.9, tem-se:

$$\begin{aligned}\operatorname{sen}(A - 180^\circ).\cot(H) = {} & \operatorname{sen}(90^\circ + \phi).\cot(z) \\ & - \cos(90^\circ + \phi).\cos(A - 180).\end{aligned}$$

Pelas Relações (A.16), (A.18), (A.23) e (A.24) do Apêndice A:

$$-\operatorname{sen}(A).\cot(H) = \cos(\phi).\cot(z) - \operatorname{sen}(\phi).\cos(A).$$

Implicando

$$\operatorname{sen}(A).\cot(H) = \operatorname{sen}(\phi).\cos(A) - \cos(\phi).\cot(z).$$

O que prova a Equação (4.9) para o segundo caso.
Terceiro caso: $\phi < 0$ e $\delta > 0$.

Considere o ponto M o astro, o ponto P o polo sul celeste e o ponto Z o zênite. Sabe-se que z é a distância zenital, A o azimute e H o ângulo horário do astro.

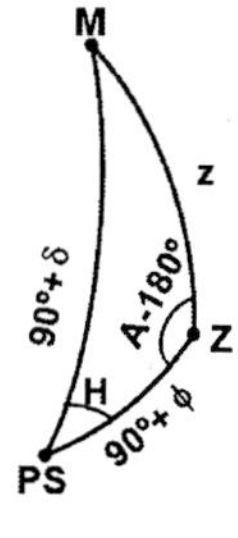

Pelo Teorema 2.1, aplicado ao triângulo de posição astronômico ZMP, observa-se:

$$\cos(z) = \cos(90^\circ + \delta).\cos(90^\circ + \phi) + \operatorname{sen}(90^\circ + \delta).\operatorname{sen}(90^\circ + \phi).\cos(H).$$

Pelas Relações (A.16) e (A.18) do Apêndice A, segue que:

$$\cos(z) = (-\operatorname{sen}(\phi)).(-\operatorname{sen}(\delta)) + \cos(\phi).\cos(\delta).\cos(H).$$

Isto é

$$\cos(z) = \operatorname{sen}(\phi).\operatorname{sen}(\delta) + \cos(\phi).\cos(\delta).\cos(H).$$

O que prova a Equação (4.1) para o terceiro caso.

Aplicando novamente o Teorema 2.1 ao triângulo de posição astronômico ZMP, observa-se de forma análoga que:

$$\cos(90^\circ + \delta) = \cos(90^\circ + \phi).\cos(z) + \operatorname{sen}(90^\circ + \phi).\operatorname{sen}(z).\cos(A - 180^\circ).$$

Pelas Relações (A.16), (A.18) e (A.23) do Apêndice A, segue que:

$$-\operatorname{sen}(\delta) = -\operatorname{sen}(\phi).\cos(z) + \cos(\phi).\operatorname{sen}(z).(-\cos(A)).$$

Isto é

$$-\operatorname{sen}(\delta) = -\operatorname{sen}(\phi).\cos(z) - \cos(\phi).\operatorname{sen}(z).\cos(A).$$

Ou seja,

$$\operatorname{sen}(\delta) = \operatorname{sen}(\phi).\cos(z) + \cos(\phi).\operatorname{sen}(z).\cos(A).$$

O que prova a Equação (4.2) para o terceiro caso.

Do Teorema 2.9, tem-se:

$$\operatorname{sen}(H).\cot(A - 180^\circ) = \operatorname{sen}(90^\circ + \phi).\cot(90^\circ + \delta) - \cos(90^\circ + \phi).\cos(H).$$

Pelas Relações (A.16), (A.18), (A.19) e (A.21) do Apêndice A:

$$-\operatorname{sen}(H).\cot(A) = -\operatorname{tg}(\delta).\cos(\phi) + \operatorname{sen}(\phi).\cos(H).$$

Implicando

$$\operatorname{sen}(H).\cot(A) = \operatorname{tg}(\delta).\cos(\phi) - \operatorname{sen}(\phi).\cos(H).$$

O que prova a Equação (4.3) para o terceiro caso.
Partindo do Teorema 2.8, tem-se:

$$\begin{aligned}\operatorname{sen}(z).\cos(A-180^\circ) = &\operatorname{sen}(90^\circ+\phi).\cos(90^\circ+\delta)\\ &-\cos(90^\circ+\phi).\operatorname{sen}(90^\circ+\delta).\cos(H).\end{aligned}$$

Pelas Relações (A.16), (A.18) e (A.23) do Apêndice A:

$$-\operatorname{sen}(z).\cos(A) = -\cos(\phi).\operatorname{sen}(\delta) + \operatorname{sen}(\phi).\cos(\delta).\cos(H).$$

Implicando

$$\operatorname{sen}(z).\cos(A) = \cos(\phi).\operatorname{sen}(\delta) - \operatorname{sen}(\phi).\cos(\delta).\cos(H).$$

O que prova a Equação (4.4) para o terceiro caso.
Mais uma vez, do Teorema 2.8, segue:

$$\begin{aligned}\operatorname{sen}(90^\circ+\delta).\cos(H) = &\operatorname{sen}(90^\circ+\phi).\cos(z)\\ &-\cos(90^\circ+\phi).\operatorname{sen}(z).\cos(A-180^\circ).\end{aligned}$$

Pelas Relações (A.16), (A.18) e (A.23) do Apêndice A:

$$\cos(\delta).\cos(H) = \cos(\phi).\cos(z) - \operatorname{sen}(\phi).\operatorname{sen}(z).\cos(A).$$

O que prova a Equação (4.5) para o terceiro caso.
Do Teorema 2.2, aplicado ao triângulo de posição astronômico ZMP, segue:

$$\frac{\operatorname{sen}(z)}{\operatorname{sen}(H)} = \frac{\operatorname{sen}(90^\circ+\delta)}{\operatorname{sen}(A-180^\circ)}.$$

Pelas Relações (A.16) e (A.24) do Apêndice A, segue que:

$$\frac{\operatorname{sen}(z)}{\operatorname{sen}(H)} = \frac{\cos(\delta)}{-\operatorname{sen}(A)}.$$

Ou seja,

$$\operatorname{sen}(z).\operatorname{sen}(A) = -\operatorname{sen}(H).\cos(\delta).$$

O que prova a Equação (4.8) para o terceiro caso.
Novamente, do Teorema 2.9, tem-se:

$$\begin{aligned} \operatorname{sen}(A-180^\circ).\cot(H) = {} & \operatorname{sen}(90^\circ+\phi).\cot(z) \\ & -\cos(90^\circ+\phi).\cos(A-180). \end{aligned}$$

Pelas Relações (A.16), (A.18), (A.23) e (A.24) do Apêndice A:

$$-\operatorname{sen}(A).\cot(H) = \cos(\phi).\cot(z) - \operatorname{sen}(\phi).\cos(A).$$

Implicando

$$\operatorname{sen}(A).\cot(H) = \operatorname{sen}(\phi).\cos(A) - \cos(\phi).\cot(z).$$

O que prova a Equação (4.9) para o terceiro caso.
Quarto caso: $\phi > 0$ e $\delta < 0$.

Considere o ponto M o astro, o ponto P o polo norte celeste e o ponto Z o zênite. Sabe-se que z é a distância zenital, A o azimute e H o ângulo horário do astro.

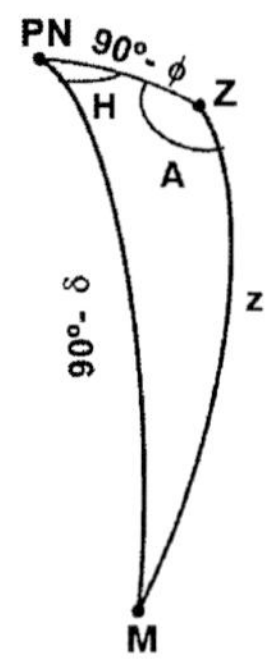

Pelo Teorema 2.1, aplicado ao triângulo de posição astronômico ZMP, observa-se:

$$\begin{aligned} \cos(z) = {} & \cos(90^\circ-\delta).\cos(90^\circ-\phi) \\ & + \operatorname{sen}(90^\circ-\delta).\operatorname{sen}(90^\circ-\phi).\cos(H). \end{aligned}$$

Pelas Relações (A.15) e (A.17) do Apêndice A, segue que:

$$\cos(z) = \operatorname{sen}(\phi).\operatorname{sen}(\delta) + \cos(\phi).\cos(\delta).\cos(H).$$

O que prova a Equação (4.1) para o quarto caso.

Aplicando novamente o Teorema 2.1 ao triângulo de posição astronômico ZMP, observa-se de forma análoga que:

$$\cos(90^\circ - \delta) = \cos(90^\circ - \phi).\cos(z) + \operatorname{sen}(90^\circ - \phi).\operatorname{sen}(z).\cos(A).$$

Pelas Relações (A.15) e (A.17) do Apêndice A, segue que:

$$\operatorname{sen}(\delta) = \operatorname{sen}(\phi).\cos(z) + \cos(\phi).\operatorname{sen}(z).\cos(A).$$

O que prova a Equação (4.2) para o quarto caso.
Do Teorema 2.9, tem-se:

$$\operatorname{sen}(H).\cot(A) = \operatorname{sen}(90^\circ - \phi).\cot(90^\circ - \delta) - \cos(90^\circ - \phi).\cos(H).$$

Pelas Relações (A.15), (A.17) e (A.20) do Apêndice A:

$$\operatorname{sen}(H).\cot(A) = \operatorname{tg}(\delta).\cos(\phi) - \operatorname{sen}(\phi).\cos(H).$$

O que prova a Equação (4.3) para o quarto caso.
Partindo do Teorema 2.8, tem-se:

$$\begin{aligned}\operatorname{sen}(z).\cos(A) = {} & \operatorname{sen}(90^\circ - \phi).\cos(90^\circ - \delta)\\ & - \cos(90^\circ - \phi).\operatorname{sen}(90^\circ - \delta).\cos(H).\end{aligned}$$

Pelas Relações (A.15) e (A.17) do Apêndice A:

$$\operatorname{sen}(z).\cos(A) = \cos(\phi).\operatorname{sen}(\delta) - \operatorname{sen}(\phi).\cos(\delta).\cos(H).$$

O que prova a Equação (4.4) para o quarto caso.
Mais uma vez, do Teorema 2.8, segue:

$$\begin{aligned}\operatorname{sen}(90^\circ - \delta).\cos(H) = {} & \operatorname{sen}(90^\circ - \phi).\cos(z)\\ & - \cos(90^\circ - \phi).\operatorname{sen}(z).\cos(A).\end{aligned}$$

Pelas Relações (A.15) e (A.17) do Apêndice A:

$$\cos(\delta).\cos(H) = \cos(\phi).\cos(z) - \operatorname{sen}(\phi).\operatorname{sen}(z).\cos(A).$$

O que prova a Equação (4.5) para o quarto caso.
Do Teorema 2.2, aplicado ao triângulo de posição astronômico ZMP, segue:

$$\frac{\operatorname{sen}(z)}{\operatorname{sen}(H)} = \frac{\operatorname{sen}(90^\circ - \delta)}{\operatorname{sen}(A)}.$$

Pela Relação (A.15) do Apêndice A, segue que:

$$\frac{\text{sen}(z)}{\text{sen}(H)} = \frac{\cos(\delta)}{\text{sen}(A)}.$$

Ou seja,

$$\text{sen}(z).\,\text{sen}(A) = \text{sen}(H).\cos(\delta).$$

O que prova a Equação (4.6) para o quarto caso.

Novamente, do Teorema 2.9, tem-se:

$$\text{sen}(A).\cot(H) = \text{sen}(90^\circ - \phi).\cot(z) - \cos(90^\circ - \phi).\cos(A).$$

Pelas Relações (A.15) e (A.17) do Apêndice A:

$$\text{sen}(A).\cot(H) = \cos(\phi).\cot(z) - \text{sen}(\phi).\cos(A).$$

O que prova a Equação (4.7) para o quarto caso.

□

Exemplo 1: Quais eram os horários na cidade de Rio Claro SP no dia 2 de maio de 2020 quando o Sol estava 40° acima do horizonte?

Dados: Segundo o Anuário 2020 do Observatório Nacional [9], a declinação do Sol em 2 de maio de 2020 é $15^\circ 27' 7,6''$. A latitude de Rio Claro, conforme a Tabela 3.1, é $22,41^\circ$ Sul.

Tem-se do enunciado h (altura), z (distância zenital) e ϕ (latitude geográfica):

$$\delta = 15^\circ 27' 7,6'' = 15,4521^\circ$$
$$h = 40^\circ \implies z = 90^\circ - 40^\circ = 50^\circ$$
$$\phi = 22,41^\circ Sul = -22,41^\circ.$$

Precisa-se encontrar o ângulo horário H. Pela Equação (4.1):

$$\cos(H) = \cos(z).\sec(\phi).\sec(\delta) - \text{tg}(\phi).\,\text{tg}(\delta).$$

Substituindo os respectivos valores em (4.1):

$$\cos(H) = \cos(50^\circ).\sec(-22,41^\circ).\sec(15,4521^\circ) - \text{tg}(-22,41^\circ).\,\text{tg}(15,4521^\circ) \implies$$

$$\cos(H) = 0,835362184 \implies H = \arccos(0,835362184) = 33,34^\circ.$$

Sabe-se que $15^\circ = 1h$, logo $33,34^\circ = 2,22h = 2h13min$. Dessa forma, em Rio Claro, no dia 2 de maio de 2020, o Sol estava 40° acima do horizonte antes do meio dia às $12h - 2h13min = 9h47min$ após o meio dia às $12h + 2h13min = 14h13min$.

4.2 Estudo Analítico do Movimento Diurno

Foram obtidas fórmulas para estudar a localização de um astro qualquer na esfera celeste. Sabe-se que alguns astros apresentam nascer, ocaso e culminância e outros são circumpolares (visíveis ou invisíveis ao observador). Utilizando o triângulo de posição astronômico, pode-se determinar as coordenadas de um astro em um momento específico de acordo com algumas características. Como exemplo, podem ser estudados: passagem meridiana superior e inferior, passagem pelo horizonte, passagem pelo círculo das seis horas e passagem pelo primeiro vertical.

4.2.1 Passagem de um Astro pelo Meridiano do Lugar

Passagem meridiana de um astro é o instante em que o astro cruza o meridiano local. Esse momento ocorre duas vezes durante seu movimento aparente: uma vez no meridiano superior (acima do plano do horizonte) e outra no meridiano inferior (abaixo do plano do horizonte).

Passagem Meridiana Superior

Sabe-se que no meridiano do lugar o ângulo horário é nulo ($H = 0°$) na passagem meridiana superior.

Pela Equação (4.1) tem-se:

$$\cos(z) = \text{sen}(\phi).\,\text{sen}(\delta) + \cos(\phi).\cos(\delta).\cos(H).$$

Como $\cos(H) = 1$:

$$\cos(z) = \text{sen}(\phi).\,\text{sen}(\delta) + \cos(\phi).\cos(\delta).$$

Além disso, aplicando a Relação (A.1) do Apêndice A:

$$\cos(z) = \cos(\phi - \delta).$$

Isto é:

$$z = \pm(\phi - \delta).$$

Como $z \geq 0$:

$$z = |\phi - \delta|. \tag{4.10}$$

Observação 4.3. *A distância zenital é sempre positiva. Se $\phi - \delta$ resultar como negativo, interpreta-se que o astro culmina entre o zênite e o polo não visível ao observador; se $\phi - \delta$ resultar como positivo, significa que o astro culmina entre o zênite e o polo visível ao observador. Caso a declinação δ tenha sinal negativo, significa que o observador e o astro estão em hemisférios opostos.*

Exemplo 1: Qual a distância zenital do Sol em Rio Claro no solstício de verão?

Dados: De acordo com o Anuário 2020 do Observatório Nacional [9], $\delta = -23°27'(-23,45°)$ e pela Tabela 3.1, $\phi = 22,41° S$.

$$z = |\phi - \delta| \implies z = |-22,41° - (-23,45°)| = |1,04°| = 1,04°.$$

Logo, o Sol culmina entre o Zênite e o polo visível com uma altura de $h = 90° - 1,04° = 88,96°$.

Exemplo 2: Qual a distância zenital do Sol em Curitiba no solstício de verão?

Dados: De acordo com o Anuário 2020 do Observatório Nacional [9], $\delta = -23°27'(-23,45°)$ e pela Tabela 3.1, $\phi = 49,2733° S$.

$$z = |\phi - \delta| \implies z = |-49,2733° - (-23,45°)| = |-25,8233°| = 25,8233°.$$

Logo, o Sol culmina entre o Zênite e o polo não visível com uma altura de $h = 90° - 25,8233° = 64,1767°$.

Passagem Meridiana Inferior

Sabe-se que no meridiano do lugar o ângulo horário é $H = 180°$ na passagem meridiana inferior.

Pela Equação (4.1) tem-se:

$$\cos(z) = \text{sen}(\phi).\,\text{sen}(\delta) + \cos(\phi).\cos(\delta).\cos(H).$$

Como $\cos(H) = -1$, tem-se:

$$\cos(z) = \text{sen}(\phi).\,\text{sen}(\delta) - \cos(\phi).\cos(\delta).$$

Isto é:

$$\cos(z) = -(\cos(\phi).\cos(\delta) - \text{sen}(\phi).\,\text{sen}(\delta)).$$

Utilizando a Relação (A.1) do Apêndice A, segue:

$$\cos(z) = -\cos(\phi + \delta).$$

Aplicando a Relação (A.23) do Apêndice A:

$$\cos(z) = \cos(180^\circ - (\phi + \delta)).$$

Isto é:

$$z = |180^\circ - (\phi + \delta)|. \tag{4.11}$$

4.2.1.1 Condição para uma Estrela passar pelo Zênite de um Observador

O meridiano local contém o Zênite do observador. Uma estrela passa pelo Zênite quando sua altura é $h = 90^\circ$, ou seja, quando $z = 0^\circ$.

Pela Equação (4.10), $|\phi - \delta| = 0$, ou seja $\phi = \delta$. Logo, conclui-se que um astro passa pelo zênite do observador quando a latitude do lugar do observador for igual a declinação da estrela.

O Sol faz passagem pelo Zênite atingindo sua altura $z = 90^\circ$ no meio dos dias de solstícios (aproximadamente 21/06 e 21/12). Ao longo do ano o Sol passa o meridiano ao norte do Zênite ou ao sul do Zênite.

A partir dos círculos polares, onde as linhas de latitude são $+66,5^\circ$ e $-66,5^\circ$, o Sol permanece 24 horas acima do horizonte no verão e 24 horas abaixo do horizonte no inverno.

4.2.2 Passagem de um Astro pelo Horizonte

Neste caso o astro está nascendo ou ocultando-se, ou seja, cruza o horizonte do observador, o que implica $z = 90^\circ$.

Desta forma, pela Equação (4.1), como $\cos(z) = 0$, tem-se:

$$\cos(H) = -\operatorname{tg}(\phi).\operatorname{tg}(\delta). \tag{4.12}$$

Da mesma forma, pela Equação (4.2), como $\cos(z) = 0$ e $\operatorname{sen}(z) = 1$, tem-se:

$$\operatorname{sen}(\delta) = \cos(\phi).\cos(A). \tag{4.13}$$

As Equações (4.12) e (4.13) são as mesmas para o hemisfério sul e hemisfério norte.

Uma estrela que possui nascer e ocaso, com declinação δ e latitude do lugar ϕ cumpre a seguinte relação:

$$|\delta| \geq |\phi| - 90^\circ. \qquad (4.14)$$

Isto ocorre uma vez que $|\cos(A)| \leq 1$, então pela Equação (4.13) e Relação (A.17) do Apêndice A segue:

$$\left|\frac{\operatorname{sen}(\delta)}{\cos(\phi)}\right| \leq 1 \implies \frac{|\operatorname{sen}(\delta)|}{|\cos(\phi)|} \leq 1 \implies |\operatorname{sen}(\delta)| \leq |\cos(\phi)|$$

$$\implies |\cos(90^\circ - \delta)| \leq |\cos(\phi)|.$$

Como $\cos(\phi) \geq 0$, pois $-90^\circ \leq \phi \leq 90^\circ$, segue:

$$|\cos(90^\circ - \delta)| \leq \cos(\phi) \implies -\cos(\phi) \leq \cos(90^\circ - \delta) \leq \cos(\phi).$$

Dessa forma

$$\cos(90^\circ - \delta) \leq \cos(\phi) \implies |90^\circ - \delta| \geq |\phi|.$$

Como $|90^\circ - \delta| \leq |90^\circ| + |\delta|$, então:

$$|90^\circ| + |\delta| \geq |90^\circ - \delta| \geq |\phi| \implies 90^\circ + |\delta| \geq |\phi|.$$

Logo, cumprem:

$$|\delta| \geq |\phi| - 90^\circ.$$

As estrelas circumpolares (aquelas que não possuem nascer nem ocaso) descrevem seu movimento aparente sempre acima (ou abaixo) do horizonte. Uma vez que estrelas que cruzam o horizonte satisfazem a Equação (4.14), então estrelas circumpolares com declinação δ e latitude do lugar ϕ cumprem:

$$|\delta| \leq |\phi| - 90^\circ \qquad (4.15)$$

ou:

$$|\delta| \geq 90^\circ - |\phi|, \qquad (4.16)$$

uma vez que, da Equação (4.15), $-|\delta| \geq 90^\circ - |\phi|$ e como $|\delta| \geq -|\delta|$, segue que $|\delta| \geq -|\delta| \geq 90^\circ - |\phi|$. Caso δ e ϕ sejam de sinais contrários, a estrela circumpolar está num lugar de latitude $-\phi$.

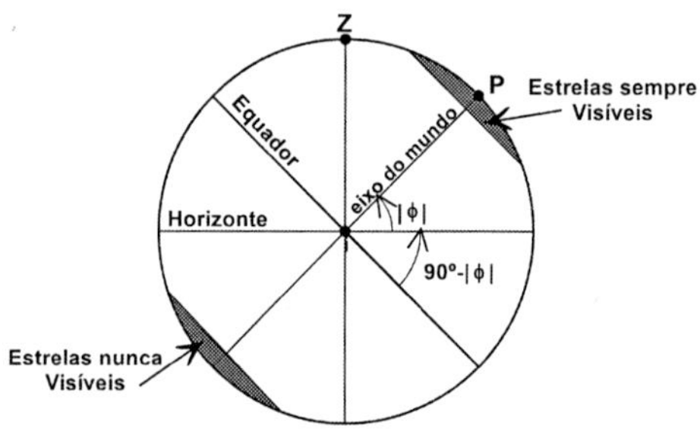

Exemplo 1: Qual é a hora do pôr do Sol no dia 21 de junho de 2020 (solstício de inverno) em São José dos Campos - SP?

Dados: De acordo com o Anuário 2020 do Observatório Nacional [9], a declinação do Sol no dia 21 de junho de 2020 é $23,5^\circ$ e pela Tabela 3.1 a latitude de São José dos Campos é $23,1840^\circ$.

$$\phi = 23,1840^\circ Sul = -23,1840^\circ.$$

Pela Equação (4.13):

$$\cos(H) = -\operatorname{tg}(-23,1840^\circ).\operatorname{tg}(23,5^\circ) \Longrightarrow$$

$$\cos(H) = 0,186217111 \Longrightarrow H = \arccos(0,18618136) = 79,26^\circ.$$

Sabe-se que $15^\circ = 1h$, logo $79,26^\circ = 5,28h = 5h17min$. Desta forma, em São José dos Campos, no dia 21 de junho de 2020, o pôr do Sol ocorre após o meio dia às $12h + 5h17min = 17h17min$.

Exemplo 2: Qual a duração do dia em Rio Claro no dia 21 de dezembro de 2020 (solstício de verão)?

Dados: De acordo com o Anuário 2020 do Observatório Nacional [9], $\delta = -23,45^\circ$ e pela Tabela 3.1 $\phi = 22,41^\circ S$.

Primeiramente, determina-se o horário do nascer e do ocaso do Sol. Para isso, pela Equação (4.12), tem-se:

$$\cos(H) = -\operatorname{tg}(-22,41^\circ).\operatorname{tg}(-23,45^\circ) \Longrightarrow \cos(H) = -0,178877777 \Longrightarrow$$

$$H = \arccos(-0,178877777) \Longrightarrow H = 100,30^\circ.$$

Sabe-se que $15^\circ = 1h$, logo $100,30^\circ = 6,68h = 6h40min$. Quando o Sol passa no meridiano do lugar, o ângulo horário é nulo, porém no tempo civil os relógios marcam 12 horas, portanto:

$12h - 6h40min = 5h20min$ (Hora do nascer do Sol) e $12h + 6h40min = 18h40min$ (Hora do ocaso do Sol). O que implica que a duração do dia em Rio Claro no dia do Solstício de Verão é 13h20min.

Exemplo 3: Determine o azimute ao nascer e ocaso do Sol em Rio Claro nos dias de solstícios.

Da Tabela 3.1, a latitude da cidade de Rio Claro é $\phi = 22,41^\circ S$ e pelo Anuário 2020 do Observatório Nacional [9], tem-se que no solstício de verão a declinação é $\delta = -23,45^\circ$ e no solstício de inverno $\delta = 23,45^\circ$.

Pela Equação (4.13), no solstício de verão:

$$\cos(A) = \frac{\text{sen}(-23,45)}{\cos(-22,41)} = -0,430456951 \implies$$

$$A = \arccos(-0,430456951) = 115,49°.$$

Portanto, no solstício de verão, o Sol nasce com Azimute $115,49°$ e se põe com Azimute $360° - 115,49° = 244,51°$ (pois são ângulos replementares[1]).

Pela Equação (4.13), no solstício de inverno:

$$\cos(A) = \frac{\text{sen}(23,45)}{\cos(-22,41)} = 0,430456951 \implies$$

$$A = \arccos(0,430456951) = 65,50°.$$

Portanto, no solstício de inverno, o Sol nasce com Azimute $65,50°$ e se põe com Azimute $360° - 65,50 = 294,50°$ (pois são ângulos replementares).

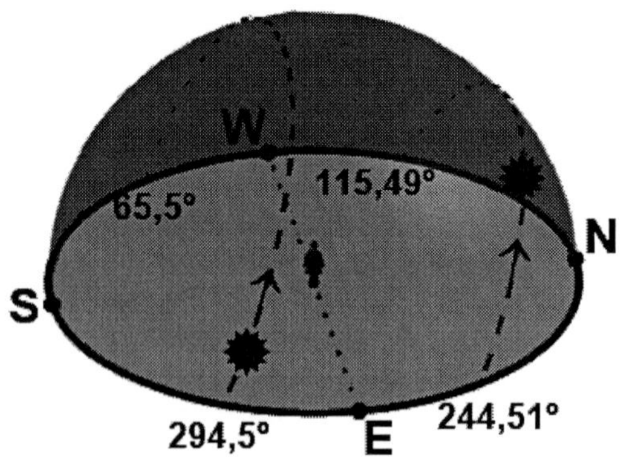

Exemplo 4: Considerando a estrela Alpha CNC da Constelação de Câncer observada de São José dos Campos, determine:

a) O Azimute da estrela no instante do seu nascimento e do seu ocaso;

b) O tempo que essa estrela permanece acima do horizonte.

[1] A soma resulta em $360°$.

De acordo com o Anuário 2020 do Observatório Nacional [9], Alpha CNC possui coordenadas $\alpha = 08h59min36,3s$ e $\delta = 11°46'38''$. Pela Tabela 3.1, a latitude do São José dos Campos é $23,1840°$ S. Um astro aparece ou desaparece no horizonte quando possui distância zenital igual a $90°$.

a) Tem-se que $\delta = 11°46'38'' = 11,7772°$, assim pela Equação (4.13):

$$\cos(A) = \frac{\text{sen}(11,7772°)}{\cos(-23,1840°)} = 0,222037041 \implies$$

$$A = \arccos(0,222037041) = 77,17°.$$

O Azimute a leste é $77,17°$ e a oeste $282,83°$ (pois são ângulos replementares). Como um astro nasce a leste, o Azimute do nascer da estrela Alpha CNC é $77,17°$. Como um astro se põe a oeste, o Azimute do ocaso da estrela Alpha CNC é $282,83°$.

b) Pela Equação (4.12), tem-se:

$$\cos(H) = -\,\text{tg}(-23,1840°).\,\text{tg}(11,7772°) = 0,089292425 \implies$$

$$H = \arccos(0,089292425) = 84,87° = 5,65h = 5h39min$$

Uma estrela permanece acima do horizonte um tempo igual ao dobro de seu ângulo horário ao nascer (ou ocaso). Logo a estrela Alpha CNC permanece acima do horizonte $2 \times 5h39min$, isto é, 11 horas e 18 minutos. Outra forma de se calcular este valor é notar que Alpha CNC nasce às $12h - 5h39min = 6h21min$ e possui ocaso às $12h + 5h39min = 17h39min$. Ou seja, permanece acima do horizonte 11 horas e 18 minutos.

4.2.3 Passagem de um Astro pelo Círculo das Seis Horas

Para um observador, o círculo das seis horas é o meridiano no qual o seu plano intercepta, perpendicularmente, o plano do meridiano local. O plano do círculo das seis horas também intercepta o plano do Equador perpendicularmente. Além disso, o círculo das seis horas é o meridiano alinhado com as direções leste e oeste.

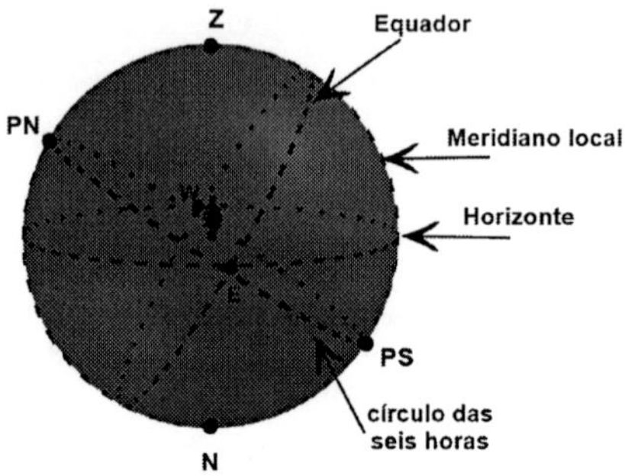

Neste caso, tem-se $H = \pm 6h$, ou seja, $H = \pm 90°$.
Pela Equação (4.1) tem-se:

$$\cos(z) = \text{sen}(\phi).\,\text{sen}(\delta) + \cos(\phi).\cos(\delta).\cos(H).$$

Mas $z = 90° - h$, assim:

$$\cos(90° - h) = \text{sen}(\phi).\,\text{sen}(\delta) + \cos(\phi).\cos(\delta).\cos(H).$$

Pela Relação (A.17) do Apêndice A e $\cos(H) = 0$:

$$\text{sen}(h) = \text{sen}(\phi).\,\text{sen}(\delta). \tag{4.17}$$

Como o triângulo de posição astronômico nesse caso é retângulo no polo, pela Equação (2.113) da Seção 2.5 tem-se:

$$\cot(A) = \cos(\phi).\,\text{tg}(\delta), \tag{4.18}$$

uma vez que:

Primeiro caso:

$$\cot(A) = \cot(90° - \delta).\,\text{sen}(90° - \phi).$$

Aplicando as Relações (A.15) e (A.20) do Apêndice A:

$$\cot(A) = \text{tg}(\delta).\cos(\phi).$$

Ou seja,

$$\cot(A) = \cos(\phi).\,\text{tg}(\delta).$$

Provando a Equação (4.18) para o primeiro caso.
Segundo caso:

$$\cot(A - 180^\circ) = \cot(90^\circ + \delta).\,\mathrm{sen}(90^\circ + \phi).$$

Aplicando as Relações (A.16), (A.19) e (A.21) do Apêndice A:

$$-\cot(A) = -\cos(\phi).\,\mathrm{tg}(\delta).$$

O que implica

$$\cot(A) = \cos(\phi).\,\mathrm{tg}(\delta).$$

Provando a Equação (4.18) para o segundo caso.
Terceiro caso:

$$\cot(A - 180^\circ) = \cot(90^\circ + \delta).\,\mathrm{sen}(90^\circ + \phi).$$

Aplicando as Relações (A.16), (A.19) e (A.21) do Apêndice A:

$$-\cot(A) = -\cos(\phi).\,\mathrm{tg}(\delta).$$

O que implica

$$\cot(A) = \cos(\phi).\,\mathrm{tg}(\delta).$$

Provando a Equação (4.18) para o terceiro caso.
Quarto caso:

$$\cot(A) = \cot(90^\circ - \delta).\,\mathrm{sen}(90^\circ - \phi).$$

Aplicando as Relações (A.15) e (A.20) do Apêndice A:

$$\cot(A) = \cos(\phi).\,\mathrm{tg}(\delta).$$

Provando a Equação (4.18) para o quarto caso.

4.2.4 Passagem do Astro pelo Primeiro Vertical

Primeiro vertical é o círculo máximo que passa pelo Zênite e Nadir de um observador cujo plano forma 90° com o plano do meridiano local.

Neste caso, o triângulo de posição astronômico é retângulo no Zênite, isto é, $A = 90°$. Dessa forma, valem as fórmulas:

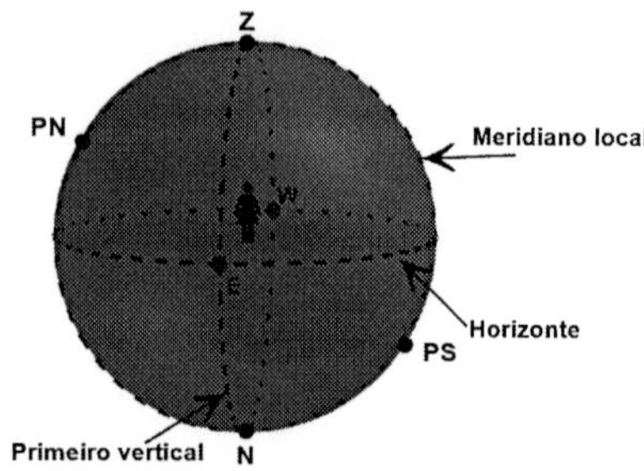

$$\operatorname{tg}(\delta) = \operatorname{tg}(\phi). \cos(H) \tag{4.19}$$

e

$$\operatorname{sen}(\delta) = \operatorname{sen}(h). \operatorname{sen}(\phi). \tag{4.20}$$

Demonstração. **Primeiro caso:** Pela Equação (2.111) da Seção 2.5 tem-se:

$$\cot(90° - \delta) = \cot(90° - \phi). \cos(H).$$

Pela Relação (A.20) do Apêndice A:

$$\operatorname{tg}(\delta) = \operatorname{tg}(\phi). \cos(H).$$

O que prova a Equação (4.19) para o primeiro caso.
Pela Equação (2.104) da Seção 2.5 tem-se:

$$\cos(90° - \delta) = \cos(90° - h). \cos(90° - \phi).$$

Pela Relação (A.17) Apêndice A:

$$\operatorname{sen}(\delta) = \operatorname{sen}(h). \operatorname{sen}(\phi).$$

O que prova a Equação (4.20) para o primeiro caso.
Segundo caso: Pela Equação (2.111) da Seção 2.5 tem-se:

$$\cot(90° + \delta) = \cot(90° + \phi). \cos(H).$$

Pela Relação (A.19) do Apêndice A:

$$-\operatorname{tg}(\delta) = -\operatorname{tg}(\phi). \cos(H).$$

Ou seja,

$$\operatorname{tg}(\delta) = \operatorname{tg}(\phi). \cos(H).$$

O que prova a Equação (4.19) para o segundo caso.
Pela Equação (2.104) da Seção 2.5 tem-se:

$$\cos(90^\circ + \delta) = \cos(90^\circ - h).\cos(90^\circ + \phi).$$

Pelas Relações (A.17) e (A.18) Apêndice A:

$$-\operatorname{sen}(\delta) = \operatorname{sen}(h).(-\operatorname{sen}(\phi)).$$

Ou seja,

$$\operatorname{sen}(\delta) = \operatorname{sen}(h).\operatorname{sen}(\phi).$$

O que prova a Equação (4.20) para o segundo caso.
Terceiro caso: Pela Equação (2.111) da Seção 2.5 tem-se:

$$\cot(90^\circ + \delta) = \cot(90^\circ + \phi).\cos(H).$$

Pela Relação (A.19) do Apêndice A:

$$-\operatorname{tg}(\delta) = -\operatorname{tg}(\phi).\cos(H).$$

Ou seja,

$$\operatorname{tg}(\delta) = \operatorname{tg}(\phi).\cos(H).$$

O que prova a Equação (4.19) para o terceiro caso.
Pela Equação (2.104) da Seção 2.5 tem-se:

$$\cos(90^\circ + \delta) = \cos(90^\circ - h).\cos(90^\circ + \phi).$$

Pelas Relações (A.17) e (A.18) do Apêndice A:

$$-\operatorname{sen}(\delta) = \operatorname{sen}(h).(-\operatorname{sen}(\phi)).$$

Ou seja,

$$\operatorname{sen}(\delta) = \operatorname{sen}(h).\operatorname{sen}(\phi).$$

O que prova a Equação (4.20) para o terceiro caso.
Quarto caso: Pela Equação (2.111) da Seção 2.5 tem-se:

$$\cot(90^\circ - \delta) = \cot(90^\circ - \phi).\cos(H).$$

Pela Relação (A.20) do Apêndice A:

$$\operatorname{tg}(\delta) = \operatorname{tg}(\phi).\cos(H).$$

O que prova a Equação (4.19) para o quarto caso.

Pela Equação (2.104) da Seção 2.5 tem-se:

$$\cos(90^\circ - \delta) = \cos(90^\circ - h).\cos(90^\circ - \phi).$$

Pela Relação (A.17) do Apêndice A:

$$\operatorname{sen}(\delta) = \operatorname{sen}(h).\operatorname{sen}(\phi).$$

O que prova a Equação (4.20) para o quarto caso.

□

4.2.5 Elongação

Diz-se que um astro está em elongação quando o círculo vertical do astro tangencia o paralelo por ele descrito, conforme Figura 4.1 (a). Quando um astro está em elongação, o ângulo paraláctico do triângulo de posição é reto, conforme ilustrado na Figura 4.1 (b).

Durante a elongação de um astro, as relações entre altura h, o ângulo horário H, o azimute A, a declinação δ e a latitude ϕ são regidas conforme as fórmulas seguintes:

$$\operatorname{sen}(h) = \frac{\operatorname{sen}(\phi)}{\operatorname{sen}(\delta)}, \tag{4.21}$$

$$\cos(H) = \frac{\operatorname{tg}(\phi)}{\operatorname{tg}(\delta)}, \tag{4.22}$$

$$\cos(A) = \frac{\operatorname{tg}(\phi)}{\operatorname{tg}(h)}. \tag{4.23}$$

Demonstração. **Primeiro caso:** Pela Equação (2.104), onde $z = 90^\circ - h$, tem-se:

$$\cos(90^\circ - \phi) = \cos(90^\circ - \delta).\cos(90^\circ - h).$$

Pela Relação (A.17) do Apêndice A:

$$\operatorname{sen}(\phi) = \operatorname{sen}(\delta).\operatorname{sen}(h).$$

O que implica

$$\operatorname{sen}(h) = \frac{\operatorname{sen}(\phi)}{\operatorname{sen}(\delta)}.$$

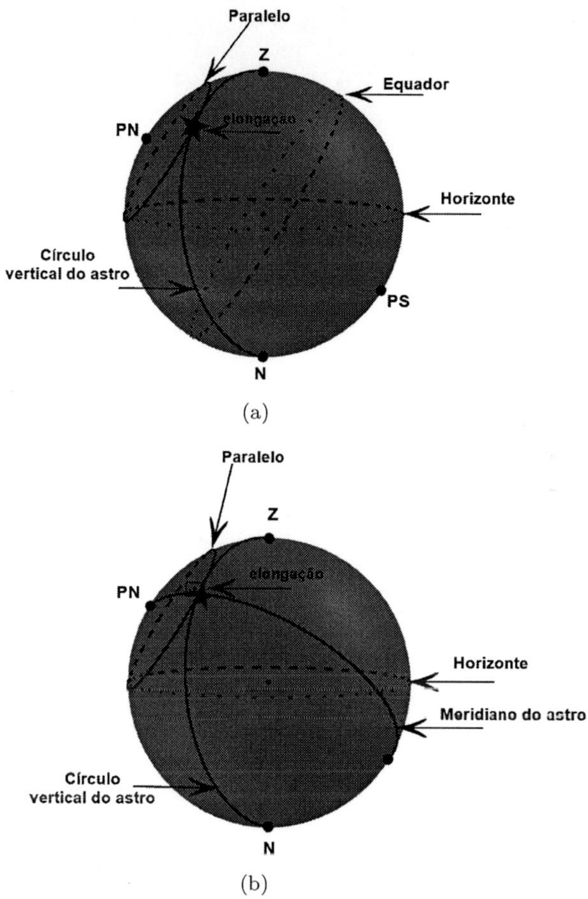

Figura 4.1: Elongação de um astro.

O que mostra a Equação (4.21) para o primeiro caso.

Agora, pela Equação (2.110), tem-se:

$$\cot(90^\circ - \phi) = \cot(90^\circ - \delta).\cos(H).$$

Pela Relação (A.20) do Apêndice A

$$\operatorname{tg}(\phi) = \operatorname{tg}(\delta).\cos(H).$$

O que implica

$$\cos(H) = \frac{\operatorname{tg}(\phi)}{\operatorname{tg}(\delta)}.$$

O que mostra a Equação (4.22) para o primeiro caso.
Além disso, pela Equação (2.111), com $z = 90° - h$, tem-se:

$$\cot(90° - \phi) = \cot(90° - h).\cos(A).$$

Pela Relação (A.20) do Apêndice A:

$$\operatorname{tg}(\phi) = \operatorname{tg}(h).\cos(A).$$

O que implica

$$\cos(A) = \frac{\operatorname{tg}(\phi)}{\operatorname{tg}(h)}.$$

O que mostra a Equação (4.23) para o primeiro caso.
Segundo caso: Pela Equação (2.104), onde $z = 90° - h$, tem-se:

$$\cos(90° + \phi) = \cos(90° + \delta).\cos(90° - h).$$

Pelas Relações (A.17) e (A.18) do Apêndice A:

$$-\operatorname{sen}(\phi) = -\operatorname{sen}(\delta).\operatorname{sen}(h).$$

O que implica

$$\operatorname{sen}(h) = \frac{\operatorname{sen}(\phi)}{\operatorname{sen}(\delta)}.$$

O que mostra a Equação (4.21) para o segundo caso.
Agora, pela Equação (2.110), tem-se:

$$\cot(90° + \phi) = \cot(90° + \delta).\cos(H).$$

Pela Relação (A.19) do Apêndice A

$$-\operatorname{tg}(\phi) = -\operatorname{tg}(\delta).\cos(H).$$

O que implica

$$\cos(H) = \frac{\mathrm{tg}(\phi)}{\mathrm{tg}(\delta)}.$$

O que mostra a Equação (4.22) para o segundo caso.
Além disso, pela Equação (2.111), com $z = 90° - h$, tem-se:

$$\cot(90° + \phi) = \cot(90° - h).\cos(A - 180°).$$

Pelas Relações (A.19), (A.20) e (A.23) do Apêndice A:

$$-\,\mathrm{tg}(\phi) = -\,\mathrm{tg}(h).\cos(A).$$

O que implica

$$\cos(A) = \frac{\mathrm{tg}(\phi)}{\mathrm{tg}(h)}.$$

O que mostra a Equação (4.23) para o segundo caso.
Terceiro caso: Pela Equação (2.104), onde $z = 90° - h$, tem-se:

$$\cos(90° + \phi) = \cos(90° + \delta).\cos(90° - h).$$

Pelas Relações (A.17) e (A.18) do Apêndice A:

$$-\,\mathrm{sen}(\phi) = -\,\mathrm{sen}(\delta).\mathrm{sen}(h).$$

O que implica

$$\mathrm{sen}(h) = \frac{\mathrm{sen}(\phi)}{\mathrm{sen}(\delta)}.$$

O que mostra a Equação (4.21) para o terceiro caso.
Agora, pela Equação (2.110), tem-se:

$$\cot(90° + \phi) = \cot(90° + \delta).\cos(H).$$

Pela Relação (A.19) do Apêndice A:

$$-\,\mathrm{tg}(\phi) = -\,\mathrm{tg}(\delta).\cos(H).$$

O que implica

$$\cos(H) = \frac{\mathrm{tg}(\phi)}{\mathrm{tg}(\delta)}.$$

O que mostra a Equação (4.22) para o terceiro caso.
Além disso, pela Equação (2.111), com $z = 90° - h$, tem-se:

$$\cot(90° + \phi) = \cot(90° - h).\cos(A - 180°).$$

Pelas Relações (A.19), (A.20) e (A.23) do Apêndice A:

$$-\operatorname{tg}(\phi) = -\operatorname{tg}(h).\cos(A).$$

O que implica

$$\cos(A) = \frac{\operatorname{tg}(\phi)}{\operatorname{tg}(h)}.$$

O que mostra a Equação (4.23) para o terceiro caso.
Quarto caso: Pela Equação (2.104), onde $z = 90° - h$, tem-se:

$$\cos(90° - \phi) = \cos(90° - \delta).\cos(90° - h).$$

Pela Relação (A.17) do Apêndice A:

$$\operatorname{sen}(\phi) = \operatorname{sen}(\delta).\operatorname{sen}(h).$$

O que implica

$$\operatorname{sen}(h) = \frac{\operatorname{sen}(\phi)}{\operatorname{sen}(\delta)}.$$

O que mostra a Equação (4.21) para o quarto caso.
Agora, pela Equação (2.110), tem-se:

$$\cot(90° - \phi) = \cot(90° - \delta).\cos(H).$$

Pela Relação (A.20) do Apêndice A:

$$\operatorname{tg}(\phi) = \operatorname{tg}(\delta).\cos(H).$$

O que implica

$$\cos(H) = \frac{\operatorname{tg}(\phi)}{\operatorname{tg}(\delta)}.$$

O que mostra a Equação (4.22) para o quarto caso.
Além disso, pela Equação (2.111), com $z = 90° - h$, tem-se:

$$\cot(90° - \phi) = \cot(90° - h).\cos(A).$$

Pela Relação (A.20) do Apêndice A:

$$\operatorname{tg}(\phi) = \operatorname{tg}(h).\cos(A).$$

O que implica

$$\cos(A) = \frac{\operatorname{tg}(\phi)}{\operatorname{tg}(h)}.$$

O que mostra a Equação (4.23) para o quarto caso.

□

Observação 4.4. *Quando* $|\delta| < |\phi|$ *não ocorre elongação.*

Demonstração. Sabe-se que $|\operatorname{sen}(h)| \leq 1$. Ocorrendo elongação, pela Equação (4.21), tem-se $\operatorname{sen}(h) = \dfrac{\operatorname{sen}(\phi)}{\operatorname{sen}(\delta)}$. Assim:

$$\left|\frac{\operatorname{sen}(\phi)}{\operatorname{sen}(\delta)}\right| \leq 1 \implies \frac{|\operatorname{sen}(\phi)|}{|\operatorname{sen}(\delta)|} \leq 1 \implies |\operatorname{sen}(\phi)| \leq |\operatorname{sen}(\delta)|.$$

Uma vez que $-90° \leq \phi \leq 90°$ e $-90° \leq \delta \leq 90°$ segue:

$$|\operatorname{sen}(\phi)| \leq |\operatorname{sen}(\delta)| \implies |\phi| \leq |\delta|.$$

Ou seja, quando há elongação, certamente $|\phi| \leq |\delta|$.

□

A elongação se dá a leste quando o sinal de H é negativo e se dá a oeste quando o sinal de H é positivo.

Conhecendo-se a ascensão reta de um astro pode-se determinar a hora sideral de elongação por meio da fórmula:

$$S = \alpha + H, \tag{4.24}$$

em que S é a hora sideral de elongação, α é as ascensão reta do astro e H é o ângulo horário.

Exemplo 1. Num lugar de latitude $\phi = -60°$ se conhece a declinação $\delta = -70°$ de um astro. Quais são os seus elementos da elongação?

Primeiramente, note que o astro possui elongação, uma vez que $|\delta| > |\phi|$.

Usando os dados na Equação (4.21):

$$\operatorname{sen}(h) = \frac{\operatorname{sen}(-60°)}{\operatorname{sen}(-70°)} \implies \operatorname{sen}(h) = 0,921604985 \implies$$

$$h = \arcsin(0,921604985) \implies h = 67,16^\circ$$

Usando os dados na Equação (4.22):

$$\cos(A) = \frac{\text{tg}(-60^\circ)}{\text{tg}(67,16^\circ)} \implies \cos(A) = -0,729510404 \implies$$

$$A = \arccos(-0,729510404) \implies A = 136,84^\circ$$

Usando os dados na Equação (4.23):

$$\cos(H) = \frac{\text{tg}(-60^\circ)}{\text{tg}(-70^\circ)} \implies \cos(H) = 0,630414938 \implies$$

$$H = \arccos(0,630414938) \implies H = 50,91^\circ = 3,39h$$

Indicando que a elongação ocorreu à leste.

4.3 Distância Angular Entre Dois Astros

A distância angular entre dois astros é o arco de círculo máximo que passa por ambos. Desta forma, sejam P o polo elevado, A e B dois astros onde α_A é a ascensão reta de A, δ_A é a declinação de A, α_B é a ascensão reta de B e δ_B é a declinação de B.

Desta maneira, pela Lei do Cossenos (Teorema 2.1), tem-se:

$$\cos(\overset{\frown}{\text{AB}}) = \cos(\overset{\frown}{\text{PA}}).\cos(\overset{\frown}{\text{PB}}) + \text{sen}(\overset{\frown}{\text{PA}}).\text{sen}(\overset{\frown}{\text{PB}}).\cos(\widehat{APB}). \tag{4.25}$$

Perceba que:

$$\overset{\frown}{\text{PA}} = 90^\circ - \delta_A \tag{4.26}$$

e

$$\overset{\frown}{\text{PB}} = 90^\circ - \delta_B. \tag{4.27}$$

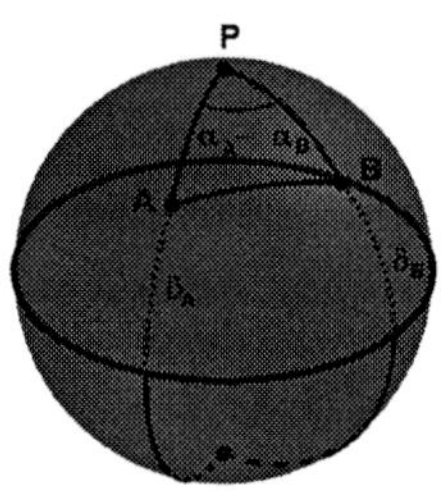

Tem-se também que o ângulo $\widehat{APB}$ é o ângulo entre o meridiano de A e o meridiano de B, o que implica:

$$\widehat{APB} = \alpha_A - \alpha_B. \tag{4.28}$$

Substituindo as Equações (4.26), (4.27), (4.28) em (4.25), tem-se:

$$\cos(\widehat{\mathrm{AB}}) = \cos(90^\circ - \delta_A).\cos(90^\circ - \delta_B) \\ + \operatorname{sen}(90^\circ - \delta_A).\operatorname{sen}(90^\circ - \delta_B).\cos(\alpha_A - \alpha_B) \tag{4.29}$$

Das Relações (A.15) e (A.17) do Apêndice A aplicadas na Equação (4.29):

$$\cos(\widehat{\mathrm{AB}}) = \operatorname{sen}(\delta_A).\operatorname{sen}(\delta_B) + \cos(\delta_A).\cos(\delta_B).\cos(\alpha_A - \alpha_B) \tag{4.30}$$

Exemplo 1: Qual a distância angular entre a Lua e Saturno no dia 1 de abril de 2020?

Conforme o Anuário 2020 do Observatório Nacional [9], neste dia as coordenadas da Lua são $\alpha_l = 06h28min34,58s$ e $\delta_l = 23^\circ 36' 38,3''$ e as de Saturno são $\alpha_s = 20h11min35,11s$ e $\delta_s = 20^\circ 3' 48,5''$.

Desta forma

$$\alpha_l = 06h28min34,58s = 6,4762h = 6,4762 \times 15^\circ = 97,143^\circ$$

$$\delta_l = 23^\circ 36' 38,3'' = 23,61063^\circ$$

$$\alpha_s = 20h11min35,11s = 20,193h = 20,193 \times 15^\circ = 302,895^\circ$$

$$\delta_s = 20^\circ 3' 48,5'' = 20,0634^\circ.$$

Pela Equação (4.30) e chamando a distância angular de D, tem-se:

$$\cos(D) = \operatorname{sen}(\delta_l).\operatorname{sen}(\delta_s) + \cos(\delta_l).\cos(\delta_s).\cos(\alpha_l - \alpha_s). \tag{4.31}$$

Substituindo os valores na Equação (4.31):

$$\cos(D) = \operatorname{sen}(23,61063^\circ).\operatorname{sen}(20,0634^\circ)$$

$$+\cos(23,61063^\circ).\cos(20,0634^\circ).\cos(97,143^\circ - 302,895^\circ) \Longrightarrow$$

$$\cos(D) = -0,637799913 \Longrightarrow D = \arccos(-,0637799913) = 129,62^\circ.$$

Logo, a distância angular entre a Lua e Saturno no dia 1 de abril de 2020 é $129,62^\circ$.

Exemplo 2: Qual é a distância angular no dia 2 de julho de 2020 entre a estrela γ da constelação de Peixes e a estrela θ da constelação de Cetus?

Sabe-se, pelo Anuário 2020 do Observatório Nacional [9], que nesse dia as coordenadas de γ são $\alpha_\gamma = 23h18min13,6s$ e $\delta_\gamma = 03°23'41''$ e as coordenadas de θ são $\alpha_\theta = 01h25min2,8s$ e $\delta_\theta = -8°04'42''$.

Desta forma

$$\alpha_\gamma = 23h18min13,6s = 23,3037h = 23,3037 \times 15° = 349,5555°$$

$$\delta_\gamma = 03°23'41'' = 3,3946°$$

$$\alpha_\theta = 01h25min2,8s = 1,4173h = 1,4173 \times 15° = 21,2595°$$

$$\delta_\theta = -8°04'42'' = -8,0782°.$$

Pela Equação (4.30) e chamando a distância D, tem-se:

$$\cos(D) = \text{sen}(\delta_\gamma).\,\text{sen}(\delta_\theta) + \cos(\delta_\gamma).\cos(\delta_\theta).\cos(\alpha_\gamma - \alpha_\theta). \tag{4.32}$$

$$\cos(D) = \text{sen}(3,3946°).\,\text{sen}(-8,0782°)$$

$$+\cos(3,3946°).\cos(-8,0782).\cos(349,5555° - 21,2595°)$$

$$\cos(D) = 0,832533629 \Longrightarrow D = \arccos(0,832533629) = 33,64°.$$

Logo, a distância angular entre a γ e θ da constelação de Cetus no dia 2 de julho de 2020 é $33,64°$.

Exemplo 3: Considere o Cruzeiro do Sul, ilustrado na figura a seguir.

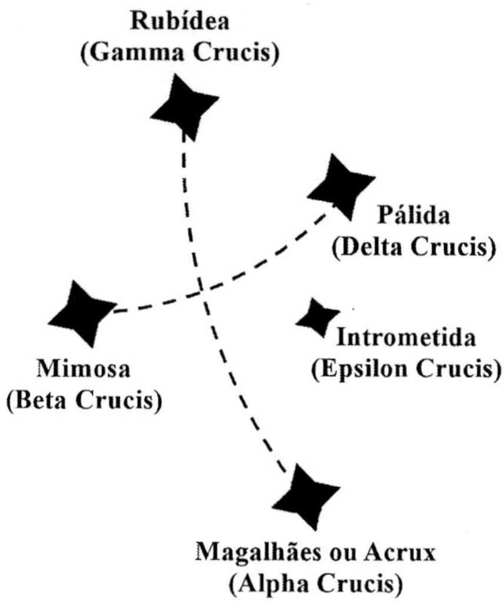

(a) Qual o tamanho angular do eixo menor da constelação do Cruzeiro do Sul?

O eixo menor do Cruzeiro do Sul possui como extremidades as estrelas Beta Crucis e Delta Crucis.

Sabe-se, pelo Anuário 2020 do Observatório Nacional [9], que no dia 2 de julho de 2020 as coordenadas de Beta Crucis são $\alpha_b = 12h48min56s$ e $\delta_b = -59°48'01''$ e Delta Crucis $\alpha_d = 12h16min14,7s$ e $\delta_d = -58°51'46''$.

Desta forma,

$$\alpha_b = 12h48min56s = 12,8155h = 12,8155 \times 15° = 192,2325°$$

$$\delta_b = -59°48'01'' = -59,8002°$$

$$\alpha_d = 12h16min14,7s = 12,2706h = 12,2706.15° = 184,059°$$

$$\delta_d = -58°51'46'' = -58,8627°.$$

Pela Equação (4.30) e chamando a distância D, tem-se:

$$\cos(D) = \text{sen}(\delta_b).\,\text{sen}(\delta_d) + \cos(\delta_b).\cos(\delta_d).\cos(\alpha_b - \alpha_d) \qquad (4.33)$$

$$\cos(D) = \text{sen}(-59,8002°).\,\text{sen}(-58,8627°)$$

$$+\cos(-59,8002°).\cos(-58,8627).\cos(192,2325° - 184,059°)$$

$$\cos(D) = 0,997224011 \implies D = \arccos(0,997224011) = 4,27°.$$

Logo, a distância angular entre a Beta Crucis e a Delta Crucis no dia 2 de julho de 2020 é $4,27°$, isto é, o tamanho angular do eixo menor da constelação do Cruzeiro do Sul é $4,27°$.

(b) Qual o tamanho angular do eixo maior da constelação do Cruzeiro do Sul?

O eixo maior do Cruzeiro do Sul possui como extremidades as estrelas Gamma Crucis e Alpha Crucis.

Sabe-se, pelo Anuário 2020 do Observatório Nacional [9], que no dia 2 de julho de 2020 as coordenadas de Gamma Crucis são $\alpha_g = 12h32min18,9$ e $\delta_g = -57°13'40''$ e Alpha Crucis $\alpha_a = 12h27min45,3s$ e $\delta_a = -63°12'44''$. Desta forma,

$$\alpha_g = 12h32min18,9s = 12,5385h = 12,5385 \times 15° = 188,0775°$$

$$\delta_g = -57°13'40'' = -57,2277°$$

$$\alpha_a = 12h27min45,3s = 12,4625h = 12,4625 \times 15° = 186,9375°$$

$$\delta_a = -63°12'44'' = -63,2122°.$$

Pela Equação (4.30) e chamando a distância D, tem-se:

$$\cos(\widehat{\mathrm{D}}) = \text{sen}(\delta_g).\,\text{sen}(\delta_a) + \cos(\delta_g).\cos(\delta_a).\cos(\alpha_g - \alpha_a) \qquad (4.34)$$

$$\cos(D) = \text{sen}(-57,2277°).\,\text{sen}(-63,2122°)$$

$$+\cos(-57,2277°).\cos(-63,2122°).\cos(188,0775° - 186,9375°)$$

$$\cos(D) = 0,994501849 \implies D = \arccos(0,994501849) = 6,01°.$$

Logo, a distância angular entre a Gamma Crucis e Alpha Crucis no dia 2 de julho de 2020 é $6,01°$, isto é, o tamanho angular do eixo maior da constelação do Cruzeiro do Sul mede $6,01°$.

Capítulo 5

Exercícios

5.1 Geometria Esférica (Capítulo 1)

1. Prove que se um ponto P está distante 90° de outros dois pontos distintos A e B, então P é um polo do círculo máximo que passa por A e B.

2. Considere P um polo de um círculo máximo C^*. Prove que qualquer círculo máximo que contém P é perpendicular ao C^*.

3. Uma reta é perpendicular a uma esfera quando possui apenas um ponto em comum com a superfície da esfera. Este ponto em comum é chamado de ponto de tangência. Sendo assim, prove que:

    (a) Uma reta que é perpendicular ao raio de uma esfera, em sua extremidade na superfície esférica, é tangente à esfera.

    (b) Uma reta tangente a um arco de círculo máximo, em qualquer ponto do arco, é tangente ao raio em sua extremidade na superfície esférica

4. Mostre que o maior ângulo de um triângulo esférico se opõe ao maior lado de mesma medida.

5. Mostre que num triângulo esférico isósceles os ângulos opostos aos lados iguais são iguais.

6. Mostre que dois ângulos de um triângulo esférico são diferentes se, e somente se, os respectivos lados opostos são diferentes.

7. Mostre que um triângulo esférico possui um maior lado se, e somente se, ele possui um maior ângulo. Conclua que o maior lado e o maior ângulo são sempre opostos.

8. Mostre que a medida de ângulo de um triângulo esférico é maior que a diferença entre 180° e a soma dos outros dois ângulos.

9. Dois triângulos esféricos são mutuamente equiangulares, quando possuem ângulos com mesma medida. Dois triângulos esféricos são mutuamente equilaterais, quando possuem lados com mesma medida. Ambas as definições são indiferentes em relação à ordem direta ou reversa de comparação. Sendo assim, prove que:

   (a) Dois triângulos são mutuamente equiangulares se seus triângulos polares são mutuamente equilaterais.

   (b) Dois triângulos são mutuamente equilaterais se seus triângulos polares são mutuamente equiangulares.

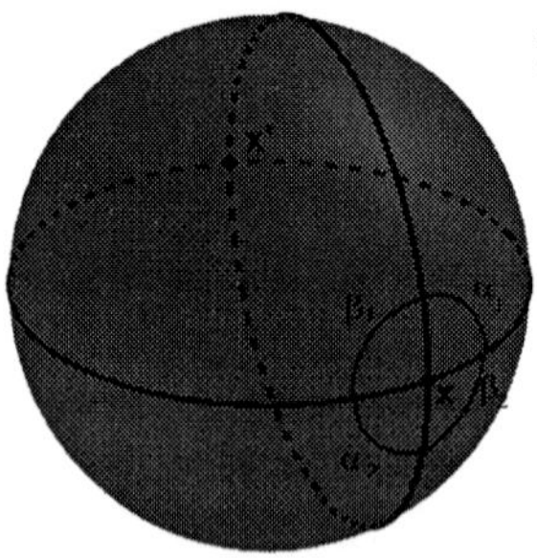

10. Considere que dois círculos máximos se cruzam nos pontos X e X', ângulos esféricos $\alpha_1, \alpha_2, \beta_1$ e β_2, conforme a figura. Neste caso, prove que:

    (a) Os ângulos α_1 e α_2 são iguais. O mesmo vale para β_1 e β_2.

    (b) Os ângulos α_1 e $\beta_1$são suplementares.

11. Prove que um triângulo esférico trirretângulo é o seu próprio triângulo polar. Nesse sentido, o que ocorre com um triângulo esférico com 3 lados medindo 90°?

12. Prove que a área da superfície de uma esfera de raio r é igual a $4\pi r^2$.

13. Mostre que, em uma esfera de raio r, a área de um triângulo trirretângulo é igual a $\dfrac{\pi r^2}{2}$.

14. Calcule a área de um quadrilátero, sabendo que todos os seus ângulos internos medem 90°, em uma esfera com 2 metros de raio.

5.2 Trigonometria Esférica (Capítulo 2)

Para os seguintes exercícios, considere um triângulo esférico de vértices A, B e C, com ângulos internos medindo $\widehat{A}$, $\widehat{B}$ e $\widehat{C}$ e cujos lados opostos medem a, b e c, respectivamente.

1. Prove que:

   $$\text{sen}(a)\,\text{sen}(b)+\cos(a)\cos(b)\cos(\widehat{C}) = \text{sen}(\widehat{A})\,\text{sen}(\widehat{B})-\cos(\widehat{A})\cos(\widehat{B})\cos(c)$$

2. Prove que se $\text{sen}(b)\cos(\widehat{A}) = \text{sen}(a)\cos(\widehat{B})$, então o triângulo esférico ABC é isósceles.

3. Prove que:

   a) Se um triângulo esférico possui dois lados congruentes, então os ângulos opostos a estes lados são congruentes;

   b) Um triângulo equilátero possui os três ângulos internos congruentes.

4. Seja X um ponto qualquer do lado BC do triângulo esférico ABC. Prove que:

   a) $\cot(\widehat{AB})\,\text{sen}(\widehat{XAC}) + \cot(\widehat{AC})\,\text{sen}(\widehat{XAB}) = \cot(\widehat{AX})\,\text{sen}(\widehat{BAC})$

   b) $\dfrac{\text{sen}(\widehat{BX})}{\text{sen}(\widehat{CX})} = \dfrac{\text{sen}(\widehat{BAX})}{\text{sen}(\widehat{CAX})}\dfrac{\text{sen}(\widehat{C})}{\text{sen}(\widehat{B})}$

   c) $\cos(\widehat{AX})\,\text{sen}(a) = \cos(c)\,\text{sen}(\widehat{XC}) + \cos(b)\,\text{sen}(\widehat{BX})$

5. Sejam α, β e γ as mediatrizes do triângulo ABC relativas, respectivamente, aos lados a, b e c. Mostre que $\text{sen}(a)\,\text{sen}(\alpha) = \text{sen}(b)\,\text{sen}(\beta) = \text{sen}(c)\,\text{sen}(\gamma)$.

6. Considerando $s = \dfrac{a+b+c}{2}$ e $\widehat{S} = \dfrac{\widehat{A}+\widehat{B}+\widehat{C}}{2}$, demonstre que:

   a) $\text{sen}\left(\frac{\widehat{A}}{2}\right)\text{sen}\left(\frac{\widehat{B}}{2}\right)\text{sen}\left(\frac{\widehat{C}}{2}\right) = \dfrac{\text{sen}(s-a)\,\text{sen}(s-b)\,\text{sen}(s-c)}{\text{sen}(a)\,\text{sen}(b)\,\text{sen} c}$

   b) $\text{sen}\left(\frac{a}{2}\right)\text{sen}\left(\frac{b}{2}\right)\text{sen}\left(\frac{c}{2}\right) = \dfrac{-K\cos(\widehat{S})}{\text{sen}(\widehat{A})\,\text{sen}(\widehat{B})\,\text{sen}\widehat{C}}$, onde

   $$K = \sqrt{-\cos(\widehat{S})\cos(\widehat{S}-\widehat{A})\cos(\widehat{S}-\widehat{B})\cos(\widehat{S}-\widehat{C})}$$

7. Mostre que $\dfrac{\cos(a) - \cos(b)}{1 - \cos(c)} + \dfrac{\text{sen}(\widehat{A} - \widehat{B})}{\text{sen}(\widehat{C})} = 0$

8. Suponha que o triângulo esférico ABC seja equilátero. Prove que:

   a) $2\cos(\frac{a}{2})\,\text{sen}(\frac{\widehat{A}}{2}) = 1$

   b) $\text{tg}^2(\frac{a}{2}) + 2\cos(\widehat{A}) = 1$

9. Suponha que o triângulo esférico ABC seja retângulo em A. Prove que:

   a) $\cos^2(\widehat{C})\,\text{sen}^2(a) = \text{sen}(a+c)\,\text{sen}(a-c)$

   b) $\text{tg}(a)\cos(c) = \text{sen}(b)\cot(\widehat{B})$

   c) $\text{sen}(a-b) = 2\,\text{sen}^2(\frac{\widehat{C}}{2})\cos(b)\,\text{sen}(a)$

   d) $\text{tg}(\frac{a+c}{2})\,\text{tg}(\frac{a-c}{2}) = \text{tg}^2(\frac{b}{2})$

10. Prove que se $a = b = 90°$, então $\cos(c) = \cos(\widehat{C})$.

5.3 Aplicações (Capítulos 3 e 4)

1. Sabendo que o raio da Terra é aproximadamente 6370 km. Responda:

   a) Quanto vale, em km, 1º de uma circunferência máxima terrestre?

   b) Qual é a área aproximada da superfície terrestre?

2. Considerando as coordenadas fornecidas na Tabela 3.1, calcule as distâncias entre:

   a) Rio de Janeiro e Londres

   b) Campinas e Nova York

   c) Manaus e Cidade do Cabo

   d) Curitiba e Moscou

3. Dadas a latitude de um lugar e a declinação de uma estrela, explique como calcular a hora do nascimento da estrela no horizonte.

4. Dados o ângulo horário e a declinação de uma estrela e latitude de um lugar, explique como calcular o azimute e a altura da estrela.

5. Dados o azimute e a altura de uma estrela e a latitude de um lugar, explique como calcular o ângulo horário e a declinação da estrela.

6. Dadas a ascensão reta e a declinação de uma estrela, explique como calcular sua latitude e longitude.

7. Qual a distância zenital de uma estrela cuja altura é 70°? E se sua altura fosse de mesmo módulo, mas negativa, qual seria o valor dessa distância?

8. Um observador está posicionado no Hemisfério Sul da Terra. Sabendo que determinada estrela circumpolar tem sua culminação inferior $h_i = 25°$ e $A_i = 180°$ e culminação superior $h_s = 83°$ e $A_s = 180°$, determine a latitude ϕ do observador.

9. A estrela Acubens (Alfa CNC) é uma estrela pertencente a Constelação de Câncer. De acordo com Anuário do Observatório Nacional (2020), no dia 02 de julho, as coordenadas dessa estrela são $\alpha = 08h59min36,3s$ e $\delta = 11°46'38''$. Para um observador neste mesmo dia encontra-se no Cristo Redentor (RJ), qual será a altura máxima no céu que a estrela Alfa irá atingir? Dados: Cristo Redentor (22,951916° S;43,210487° W).

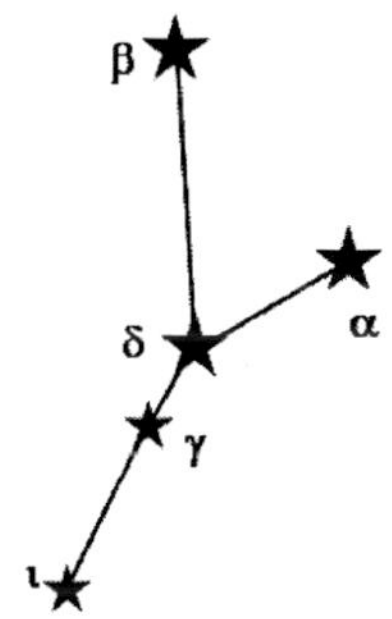

10. Um observador está localizado em uma latitude $\phi = 22°$ S. Em certo momento há uma estrela que, em relação a ele, possui altura $h = 35,8°$ e Azimute $A = 71,8°$. De acordo com esses dados responda:

    a) Qual a declinação da estrela?

    b) Qual o ângulo horário formado nesse dado momento?

c) Qual o valor do ângulo horário da estrela em seu orto e ocaso?

d) Quanto tempo a estrela permanece acima do horizonte do observador?

11. Determine a hora sideral em que a estrela Altarf (Beta CNC), da constelação de Câncer, cruza o 1° vertical de um observador nas latitudes fornecidas. Dados $\alpha = 08h17min37,5s$ e $\delta = 09°07'16''$.

    a) $\phi = -75°$

    b) $\phi = 52°20'35''$

    c) $\phi = 89°$

    d) $\phi = -20°$

12. Qual o tamanho angular do eixo que liga as estrelas Acubens e Atarf da Constelação de Câncer? (Utilize os dados dos Exercícios 9 e 11).

Referências Bibliográficas

[1] BOCZKO, R. Conceitos de Astronomia. Edgard Blucher Ltda, São Paulo, 1984.

[2] CARITÁ, L. A. Lei dos Cossenos e Senos Esféricos: Demonstrações Matemáticas para Ferramentas Astronômicas. Revista Univap, vol. 24, 2018.

[3] CARITÁ, L. A.; SANTOS, C. P. F. Detailed Demonstrations of the Relations Between Coordinate Systems in the Celestial Sphere. Ciência e Natura, vol. 44, 2022.

[4] CARITÁ, L. A.; SANTOS, C. P. F. Derivation of the Angle Cosine Formulas via Lagrange's Theorem (for Polar Spherical Triangles). Palestine Journal of Mathematics, vol. 12, 2023.

[5] CARITÁ, L. A.; SANTOS, C. P. F.; GADOTTI, M. C. Derivation of the Half-Side Tangent Formulas via Lagrange's Theorem (for Polar Spherical Triangles). Palestine Journal of Mathematics, vol. 11, 2022.

[6] GAMAEL, C. Noções de Trigonometria Esférica, Astronomia e Geodésia. Diretório Acadêmico de Engenharia do Paraná, Curitiba, 1948.

[7] IBGE: Índice de Organização do Território. 2010. Disponível em: https://agenciadenoticias.ibge.gov.br/ agencia-sala-de-imprensa/2013-agencia-de-noticias/releases/ 14126-asi-ibge-disponibiliza-coordenadas-e-altitudes-para-21304-localidades-brasileiras. Acesso em: 21 ago. 2023.

[8] LIMA-NETO, G. B. Astronomia de Posição. 2020. Disponível em: http://www.astro.iag.usp.br/gastao/astroposicao.html. Acesso em: 21 ago. 2023

[9] OBSERVATÓRIO NACIONAL. Anuário 2020. Rio de Janeiro, 2020.

[10] PEDRO, I. I. Trigonometria Plana e Esférica. Livraria Francisco Alvez Editora Paulo de Azevedo L.T.D.A., São Paulo, 1955.

[11] RIPOLL, M. B.; FUENTE, L. C.; SOLANAS, A. C.; LORENTE, L. S. Trigonometría Esférica Fundamentos. Unidad Docente Matemáticas, Madrid, 2008.

[12] SANTOS, C. P. F.; CARITÁ, L. A.; GADOTTI, M. C. Contribuições das Navegações Portuguesas para a Geometria da Superfície Terrestre. Hipátia - Revista Brasileira de História, Educação e Matemática, vol. 6, 2021.

[13] SARAIVA, M. F. O.; OLIVEIRA, K. S. Astronomia e Astrofísica. Livraria da Física, São Paulo, 2013.

[14] SARAIVA, M. F. O.; OLIVEIRA, K. S. Medidas de Tempo. 2018. Disponível em: http://astro.if.ufrgs.br/tempo/tempo.htm. Acesso em: 21 ago. 2023.

[15] SARAIVA, M. F. O.; OLIVEIRA, K. S.; MULLER, A. M. Movimento Anual do Sol e Estações do Ano. 2018. Disponível em: https://www.if.ufrgs.br/tex/fis02001/aulas/Aula3-122.pdf. Acesso em: 21 ago. 2023

Apêndice A

Identidades da Trigonometria Plana

$$\cos(a \pm b) = \cos(a).\cos(b) \mp \operatorname{sen}(a).\operatorname{sen}(b) \tag{A.1}$$

$$\operatorname{sen}(a \pm b) = \operatorname{sen}(a).\cos(b) \pm \cos(a).\operatorname{sen}(b) \tag{A.2}$$

$$\operatorname{sen}^2(a) + \cos^2(a) = 1 \tag{A.3}$$

$$1 - \cos(a) = 2\operatorname{sen}^2(\tfrac{a}{2}) \tag{A.4}$$

$$1 + \cos(a) = 2\cos^2(\tfrac{a}{2}) \tag{A.5}$$

$$\operatorname{sen}(a) + \operatorname{sen}(b) = 2\operatorname{sen}(\tfrac{a+b}{2}).\cos(\tfrac{a-b}{2}) \tag{A.6}$$

$$\operatorname{sen}(a) - \operatorname{sen}(b) = 2\cos(\tfrac{a+b}{2}).\operatorname{sen}(\tfrac{a-b}{2}) \tag{A.7}$$

$$\cos(a) + \cos(b) = 2\cos(\tfrac{a+b}{2}).\cos(\tfrac{a-b}{2}) \tag{A.8}$$

$$\cos(a) - \cos(b) = -2\operatorname{sen}(\tfrac{a+b}{2}).\operatorname{sen}(\tfrac{a-b}{2}) \tag{A.9}$$

$$\operatorname{sen}(a).\cos(b) = \frac{1}{2}[\operatorname{sen}(a-b) + \operatorname{sen}(a+b)] \tag{A.10}$$

$$\cos(-a) = \cos(a) \tag{A.11}$$

$$\operatorname{sen}(-a) = -\operatorname{sen}(a) \tag{A.12}$$

$$\operatorname{tg}(-a) = -\operatorname{tg}(a) \tag{A.13}$$

$$\operatorname{tg}(90^\circ - a) = \frac{1}{\operatorname{tg}(a)} = \cot(a) \tag{A.14}$$

$$\operatorname{sen}(90^\circ - a) = \cos(a) \tag{A.15}$$

$$\operatorname{sen}(90^\circ + a) = \cos(a) \tag{A.16}$$

$$\cos(90^\circ - a) = \operatorname{sen}(a) \tag{A.17}$$

$$\cos(90^\circ + a) = -\operatorname{sen}(a) \tag{A.18}$$

$$\cot(90^\circ + a) = -\operatorname{tg}(a) \tag{A.19}$$

$$\cot(90^\circ - a) = \operatorname{tg}(a) \tag{A.20}$$

$$\cot(a - 180^\circ) = -\cot(a) \tag{A.21}$$

$$\operatorname{sen}(270^\circ - a) = -\cos(a) \tag{A.22}$$

$$\cos(180^\circ - a) = -\cos(a) \tag{A.23}$$

$$\operatorname{sen}(180^\circ - a) = \operatorname{sen}(a) \tag{A.24}$$

$$\operatorname{sen}(2a) = 2.\operatorname{sen}(a).\cos(a) \tag{A.25}$$

Impressão e acabamento
Gráfica da Editora Ciência Moderna Ltda.
Tel: (21) 2201-6662